世界でいちばん素敵な
単位の教室

The World's Most Wonderful Classroom of Units

地球から約 230 万光年離れたアンドロメダ大星雲。

はじめに

単位は、わたしたちの生活に深く浸透している重要な存在です。
自動車に乗れば目的地までの距離を示すキロメートルの標識があり、
牛乳を飲めばパックの裏面に量を表わすリットルが目につき、
天気予報を見ればテレビに気圧の大きさを示すヘクトパスカルが映る……。

このように単位は非常に身近なもので、
どこへ行っても単位から離れることはできません。
でも、単位には不思議や謎もたくさんあります。
たとえば、ジーンズを買うときにサイズがインチで表記されていて
何インチを選ぶべきか困った経験はないでしょうか。
あるいは、テレビでゴルフの中継を観ていて
アナウンサーが「グリーンまで150ヤード」と説明していたけれど、
どれくらいの距離なのかよく分からなかったり。

エジプト・ギザの3大ピラミッド。高さは左から65.5m、143m、137m。

日本では長さを表わす単位としてメートルが一般的に使われていますが、
インチやヤードが広く普及している国や地域もあります。
一体、なぜなのでしょう?
また、そもそもメートルという単位はどのように決められたのでしょう?

本書は、そうした単位に関する素朴な疑問にQ&A方式で答えます。

毎日のように接している見慣れた単位から、
学校で習ったけれど、なんの単位なのか忘れてしまった単位まで、
取り扱っている単位はさまざま。
きれいな写真を見ながら、
この世界を規定している単位について理解を深めていきましょう。

Contents
目次

P2	はじめに	P40	緯度や経度ってどうやって決めたの？
		P44	COLUMN 身近にある日本の単位② 尺
P6	メートルはなにを基準に決められたの？	P46	体重50キログラムの人100人と、ゾウ1頭ではどちらが重いの？
P10	鉄道の線路の幅の単位がメートルでないのはなぜ？	P50	ポンドの単位記号が「lb」なのはなぜ？
P14	海里という単位はどういうときに使うの？	P54	世界最大のダイヤモンドはどれくらいのサイズ？
P18	天文単位ってなに？	P58	地球上でもっとも重い元素はなに？
P22	「ナノ」ってどれくらい小さいの？	P62	COLUMN 身近にある日本の単位③ 貫
P26	COLUMN 身近にある日本の単位① 里	P64	1秒の長さはなにを基準に決められたの？
P28	「平方メートル」はどんなときに使う単位？	P68	暦の月と夜空の月との関係を教えて。
P32	洪水防止のための放水路にはどれくらいの水を貯められるの？	P72	マッハ1の速さだと1時間でどれくらい進めるの？
P36	原油や石油製品の取り引きで使われるバレルってなに？	P76	音の高低はなにで決まるの？

ボリビア・ウユニ塩湖の雷。雷の電圧は最大10億Vにもなります。

P80 COLUMN　身近にある日本の単位④　匁	P124　酸性とアルカリ性の分かれ目はなに？
P82　海のような大きな湖も凍ることはあるの？	P128　放射能の強さでなにが分かるの？
P86　竜巻の中心部はどうなっているの？	P132　COLUMN　身近にある日本の単位⑥　畳
P90　単位のカロリーを使わない国が多いってホント？	P134　死海の塩分濃度はどれくらい？
P94　マグニチュードと震度では、なにが違うの？	P138　原子や分子の個数を表すときにはどんな単位を使うの？
P98　リニアモーターカーが時速600キロメートルで高速走行できるのはなぜ？	P142　1GBのハードディスクにはどれくらいの情報が入るの？
P102　科学者の名前が由来で有名な単位は？	P146　COLUMN　身近にある日本の単位⑦　升
P106　馬力ってウマとどんな関係があるの？	
P110　COLUMN　身近にある日本の単位⑤　坪	P148　単位換算表
P112　雷の力ってどれくらいあるの？	P152　索引
P116　1等星の明るさは、2等星の2倍？	P156　あとがき
P120　光の明るさはどんな単位で示すの？	P158　主な参考文献

Q

メートルは
なにを基準に
決められたの？

m metre
メートル

A
子午線の長さが元になりました。

地球の北極から赤道までの子午線の長さの1,000万分の1を1メートル(m)と定めたことで、1790年にメートルという単位が生まれました。

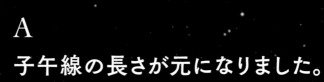

長さ・広さの単位

metre メートル | 長さの単位

世界共通のモノサシにするため、原器が各国に配られました。

メートルは定義が決まってからしばらくは普及しませんでした。しかし、フランス政府が法律で使用を義務づけると同国内で広まり、やがて海外にも普及していきます。
1875年に世界17か国でメートル条約が締結され、1889年に国際度量衡総会でメートルが国際的に認められると、加盟国に1mの基準となるメートル原器が送られました。

メートル原器は1mの基準として製作されました。

 メートル原器について教えて。

A 全長102cmの金属の棒です。

メートル原器は白金90%、イリジウム10%の合金製です。曲げに強く、形が変わりにくいように断面が「H」の形になっています。全長は102cmですが、両端に目盛りが刻まれており、その間隔がちょうど1mになります。

 メートル原器はいまも使われているの?

A 1983年につくられた基準が使われています。

メートル原器は永久不変ではなく、ほんのわずかですが、時間とともに変化することが分かりました。そこで1960年、「クリプトン86という原子が出す波長を元にする」と新たに決められましたが、光の速さが正確に求められるようになると、「光速は常に一定」という定義を用いて、1983年に新たな1mの基準がつくられました。

1mの定義の変遷

メートル原器 (1889〜1960)
クリプトン86の波長 (1960〜1983)
光の速度 (1983〜)

正確さ

1930 1940 1950 1960 1970 1980 1990 2000 (年)

8

③ 身近にある1mのものを教えて。

A 探してみるといろいろあります。

たとえば、スタンダードなギターの全長が約1m、野球のバットも規則で106.7cm以下とされているので、ほぼ1mといえます。新聞を広げたときの対角線の長さもちょうど1m。さらに、小学校の校庭でよく見かける二宮金次郎像の多くは、メートル法普及のためにちょうど1mの高さにつくられています。

ギターのヘッドからボディまでが約1m。

二宮金次郎像も1mのものが多い。

④ メートルに関係する単位をもっと教えて。

A 面積や体積などの単位がメートルを元に決められました。

メートルを使うと、面積や体積などの単位を容易に表すことができます。そのため1954年、国際度量衡総会はメートル法を発展させた国際単位系(SI)を採択しました。採択されたのは右の7つの単位で、いまでは世界中に普及しています（詳しくは148ページ）。

国際単位系（SI）の7つの単位

1	長さ	メートル	m
2	質量	キログラム	kg
3	時間	秒	s
4	電流	アンペア	A
5	温度	ケルビン	K
6	物質量	モル	mol
7	光度	カンデラ	cd

シャルル＝モーリス・ド・タレーラン＝ペリゴール （1754〜1838年）

フランスの政治家。フランス革命前は司教でしたが、ナポレオンが帝政を敷くと外務大臣として活躍。その後、ナポレオンが亡くなり王政が復活すると、ルイ18世の元、ウィーン会議で辣腕を示しました。フランス国民議会は彼の提言に従ってメートル法を採択しました。

Q
鉄道の線路の幅の単位が
メートルでないのはなぜ？

ft feet
フィート

A
ヤード・ポンド法のイギリスで鉄道が生まれたためです。

鉄道の線路の幅の国際標準は4フィート（ft）8.5インチ（in）です。メートル法では約1,435mmになります。

長さ・広さの単位

長さの単位

イギリスやアメリカで使われるのは足や指の長さが由来の単位です。

ヤード・ポンド法が採用されているイギリスやアメリカでは、
長さの単位にインチ(in)や
フィート(ft)などが使われます。
フィートは足のかかとからつま先までの長さ、
インチは男性の親指の幅に由来します。
1inは25.4mm、
インチが12個で1ft(304.8mm)、
フィートが3個で1ヤード(yd)で、
国際単位系だと914.4mmとなります。

インチの起源は男性の親指の幅です。

Q インチやフィートは、ほかにどんなところで使われているの?

A テレビ画面や自転車の車輪に使われています。

テレビのサイズは画面を対角に測ったときの長さを、自転車は車輪の直径をインチにして表します。また、ジーンズはウエストの長さをインチにして表しますが、これは正確な長さではなく目安の数字になります。

テレビのサイズはインチで示します。ただし、日本では19型(19in)、24型(24in)、32型(32in)などと表されます。

自転車の車輪のサイズもインチ表示です。

ヤード・フィート・インチの関係

1yd = 3ft (914.4mm)

1ft = 12in (304.8mm)

1in = 25.4mm

Q2 ヤードはどんなところで使われているの？

A アメリカンフットボールやゴルフで使われています。

アメリカンフットボールでは、1ydごとにラインを引いています。ゴルフでは、カップまでの距離やボールの飛距離などをヤードで伝えています。また、野球のグラウンドでは中途半端な数字が多いのですが、ヤード・ポンド法にすると、たとえばホームベースとピッチャーマウンドの間の距離が18.44m→60ft6inとしっくりきます。

白線の間の距離が1ydあります。

Q3 ゴルフのドライバーショットの世界最長飛距離はどれくらい？

A 551ydで、約503mにもなります。

ゴルフではカップまでの距離やボールの飛距離などをヤードで伝えています。551ydはアメリカのプロドラコン選手であるマイク・ドビンが、2007年の大会で打ち立てた記録。日本記録は南出仁寛選手の432ydが最長です。

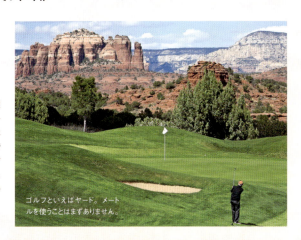

ゴルフといえばヤード。メートルを使うことはまずありません。

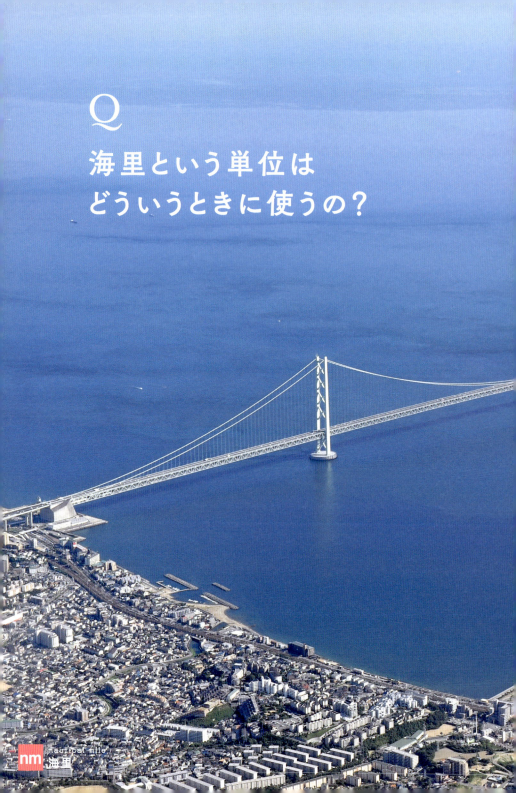

A
船で航海するときに使います。

兵庫県神戸市と淡路島の間の明石海峡の距離は約3,600m。1海里＝1,852mなので、約2海里です。

長さ・広さの単位

nm nautical mile 海里 | 海上での長さ（距離）

地球の緯度1分に相当する長さが海里という単位になりました。

海面上の距離を示す際、最初は地球を二分してできる円の1分角の弧の長さ、つまり地球の緯度1分に相当する長さを基準にしていましたが、地球が真球でないことが分かり、後に国際会議で1海里＝1,852mと決められました。ちなみに、海里の単位記号は「nm」「NM」「M」などがありますが、国際的にはどれも承認されていません。

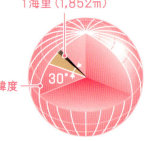

緯度1分の長さ
＝
1海里（1,852m）

緯度

 「200海里」ってニュースでよく聞くけど？

A　その国が自由に活動できる海域のことです。

テレビや新聞などのニュースで、「200海里（約370.4km）」という言葉をよく聞きます。これは排他的経済水域のことで、海底資源の採掘や漁業の権利が認められる水域です。また、国の主権が及ぶ領海は、海岸線から12海里（約22.2km）と決められています。

他国の200海里以内の海域で漁をする場合、許可を得たうえで入漁料を払う必要があります。

海底油田・ガス田は200海里の線をまたいで存在していることも多く、しばしば国際問題になります。

② 日本の200海里水域はどこまであるの？

A 南方はハワイよりも南まで達しています。

地図を見ると分かるように、沖ノ鳥島や南鳥島などの孤島が存在するおかげで、日本の200海里水域は非常に広大です。日本はエネルギー資源に乏しい国ですが、近年、200海里内の深海で天然ガスの一種であるメタンハイドレードが発見され、期待を集めています。

沖ノ鳥島。小さな無人島ながら重要な島です。

日本の200海里水域

択捉島
日本海
竹島
伊豆諸島
太平洋
東シナ海
小笠原諸島
南鳥島
尖閣諸島
沖ノ鳥島

---

③ 海里についてもっと教えて！

A 航空会社のマイレージサービスも海里を元にしています。

飛行機の航路の長さを測る際に使われる単位は海里です。各航空会社のマイレージサービスに関しても、「マイル」といいながら、海里を元に計算しています。

空の旅に海里がかかわっています。

Q
天文単位ってなに？

AU　Astronomical Unit
　　天文単位

A
地球と太陽の距離を
基準とした単位です。

地球と太陽の距離は約1億4,960万km。これを1天文単位（AU）といいます。光の速さで8分19秒かかり、時速900kmの飛行機を使うと約6,928日、つまり約19年もかかる計算になります。

長さ・広さの単位

AU Astronomical Unit 天文単位 — 地球から星までの距離

宇宙での距離を表す単位には、天文単位と光年があります。

1天文単位(AU)は、
地球と太陽の距離である約1億4,960万kmで、
太陽系の惑星との距離を示すときなどに使います。
さらに遠くの星までの距離を表すときに使うのが
光年(ly)という単位。
光が1年間で進む距離のことで、
1光年は約9兆4,600億kmになります。

Q 1光年を新幹線で進むと、どれくらいかかるの?

A 約360万年かかります。

新幹線の速度を時速300 kmとすると、約9兆4,600億km進むのに約360万年かかる計算になります。

新幹線に約360万年乗り続けてようやく1光年。想像を絶する距離です。

② 地球からいちばん近い恒星まではどれくらい？

A 4.26光年といわれています。

太陽以外で、地球からもっとも近い恒星（自ら光や熱を放っている星）は、ケンタウルス座のアルファ星の伴星プロキシマ・ケンタウリですが、その距離は地球から4.26光年もあります。光の速さでも4年と95日かかる計算です。

南天に輝くケンタウルス座のアルファ星。

③ 夜空の星は昔の姿なの？

A その通りです。

たとえば、地球からもっとも近い渦巻き状の銀河であるアンドロメダ大星雲は、約230万光年のかなたにありますが、地球から見えているのは約230万年前の姿ということになります。

アンドロメダ大星雲の光は、人類がはじめて石器をつくった頃の光です。

オーレ・レーマー（1644～1710年）

デンマークの天文学者。1676年、木星の衛星イオが木星本体に隠れる現象から光の速度を求めました。その数値は現在知られている数値に比べると30％も小さい不正確なものでしたが、光に速度があることをはじめて示した画期的な発見でした。

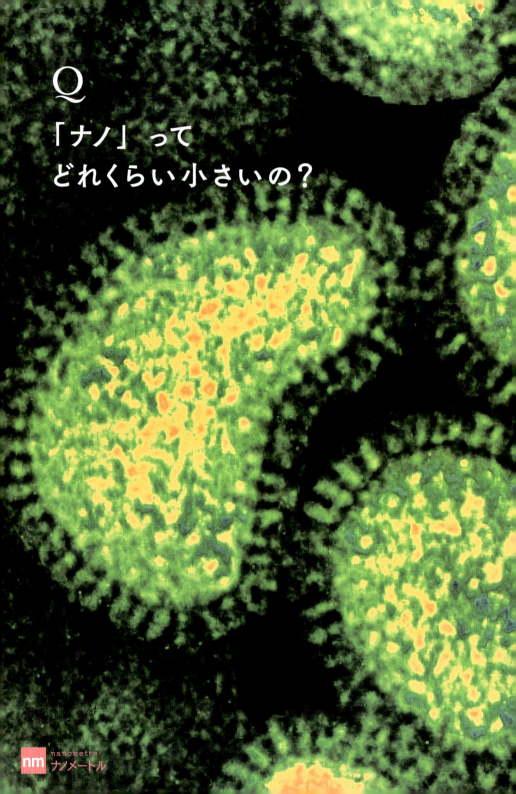

Q
「ナノ」って
どれくらい小さいの？

nm nanometre
ナノメートル

A
1ナノメートルであれば、
1メートルの10億分の1です。

インフルエンザウイルスは直径100ナノメートル（nm）程度で、ウイルスとしては中型です。表面がトゲ状になっているのが特徴です。

長さ・広さの単位

nm nanometre ナノメートル | 小さな長さの単位

ラテン語の「小人」に由来した大きさの単位があります。

ナノは「10億分の1」の意味。
ナノメートルは1mの10億分の1、1mmの100万分の1になります。
物質を形成している分子と同じくらいの大きさで、
最新テクノロジーでは、このレベルのサイズで研究が行なわれています。

Q ナノテクノロジーについて教えて！

A 医療や半導体製造などに欠かせない技術です。

医療分野ではナノロボットを用いたがん治療に注目が集まっています。超極小サイズのナノロボットを血管に注入すると、体の必要な場所に薬物を届けて病原体を粉砕したり、壊れた細胞を治療したりすることができます。半導体分野では半導体を小型化することによるコンピュータのさらなる小型化・高性能化が期待されています。

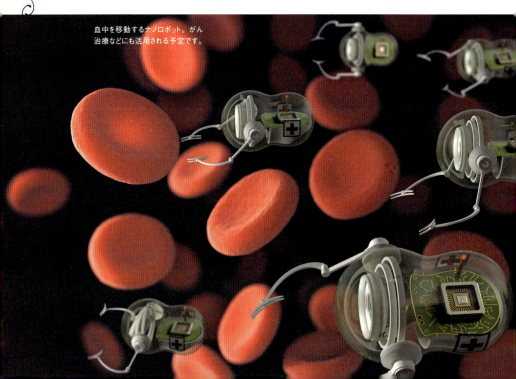

血中を移動するナノロボット。がん治療などにも活用される予定です。

② 小さな長さってどうやってはかるの？

A 特殊な顕微鏡を使います。

ナノテクノロジーを実現するには、寸分の狂いも許されません。照明の光を使った光学顕微鏡では0.2マイクロメートル（μm）程度までしか見られないため、光より波長の短い電子ビームを使った電子顕微鏡などで、肉眼では見えない世界を可視化しています。

電子顕微鏡。約100万倍まで拡大して分子や原子を観察することができます。

③ ナノメートルより小さい世界を示す単位はないの？

A フェムトメートルがあります。

フェムトメートル（fm）は1000兆分の1mを表す単位です。ナノメートルよりも6桁少ないことを考えると、どれほど小さい単位か分かるでしょう。核物理学などにおいて、原子核の大きさを表すときなどに使われます。

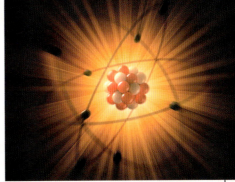

原子の中心に、さらに微小な原子核があります。

④ 極小単位についてもっと教えて！

A 日本人の名前が由来となったユカワという単位があります。

湯川秀樹は日本人初のノーベル賞受賞者で、1949年に物理学賞を受賞しました。湯川博士にちなんでつくられた単位がユカワ（Y）で、原子物理学の世界で用いられています。

★COLUMN★ 使われなくなった単位［ミクロン］

ミクロン（μ）はナノメートル同様、非常に小さい長さを表す単位として使われていました。$1\mu = 10^{-6}m$、1mの100万分の1で、1マイクロメートル（μm）と等しい長さですが、1967年に廃止されてしまいました。マイクロもまた小さな長さの単位ですが、ナノに比べると1,000倍も大きく、次第に使われなくなりつつあります。

COLUMN　身近にある日本の単位❶

 長さの単位

「千里の道も一歩から」のことわざで知られる「里」は、中国に由来する長さの単位です。日本に伝来した当初は1里＝3,000歩でしたが、直接歩いて計ろうとすると平地と山地で長さが違ってしまい、混乱しました。そこで豊臣秀吉が1里＝36町（約3,927m）と定め、明治政府もこれに習いました。現在は1里＝約4kmと認識されています。

千葉県の九十九里浜。99里=約396kmと思いきや、実際は66kmほどしかありません。

Q 「平方メートル」はどんなときに使う単位?

m² 平方メートル

A 土地や建物などの面積を表すときに使います。

ヴァチカン市国のサン・ピエトロ広場。カトリックの総本山であるローマ教皇庁が鎮座する同国の面積は、わずか約440平方メートル（㎡）しかありません。もちろん、世界最小の国です。

広さ・かさの単位

面積の単位

平方メートルの「平方」とは、「同じものを2回かける」という意味。

平方メートルはメートルを元にした面積の単位です。
1辺の長さが1mの正方形の面積として定義されています。
面積の単位は、ほかにもアール（a）やヘクタール（ha）、平方キロメートル（㎢）があります。
㎡とは右図のような関係で、
1辺の長さが10倍になると面積は100倍になります。

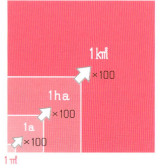

1㎡=1m×1m　　1ha=100m×100m
1a=10m×10m　1㎢=1,000m×1,000m

Q 1平方キロメートルってどれくらい？

A 大阪城公園がちょうど1㎢です。

広い面積を表すときには、平方キロメートルを使います。天守閣をもつ大阪城を中心に据えた大阪城公園は縦1km、横1kmの正方形に近い形をしており、面積は1㎢です。

東京の皇居と同じくらいの規模です。

Q2 アールやヘクタールはどんなときに使うの?

A アールは田畑の面積、
ヘクタールは森林の面積などを表すときに使います。

アールは平方メートルと平方キロメートルの中間の広さ、たとえば、田畑などの広さを表すのに便利です。ヘクタールはアールの100倍で、田畑より広い場所を表すときに便利です。

田んぼが幾重にも連なる佐賀県・浜野浦の棚田(左)と、湖面に木々が映り込む長野県の御射鹿池(右)。

Q3 東京ドーム1個分ってよく聞くけど、どれくらいの広さなの?

A 約4万6,755㎡(約4.7ha)です。

東京ドームといえば、多くの人が広さをイメージしやすい建物です。そのため、ニュースなどでよく「東京ドーム○個分の広さ」などのように、広さの単位として使われます。

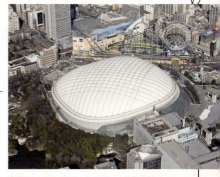

東京ドームのひと言で、すぐに広さを想像できます。

Q4 ネモフィラで有名なひたち海浜公園は東京ドーム何個分?

A 約75個分です。

茨城県にあるひたち海浜公園はネモフィラの咲き乱れる公園として大人気です。その広さは350万㎡もあり、東京ドームでたとえると約75個分に相当します。空と海とが織り成す青のハーモニーに言葉を失う絶景です。

開園面積に限ると40数個分です。

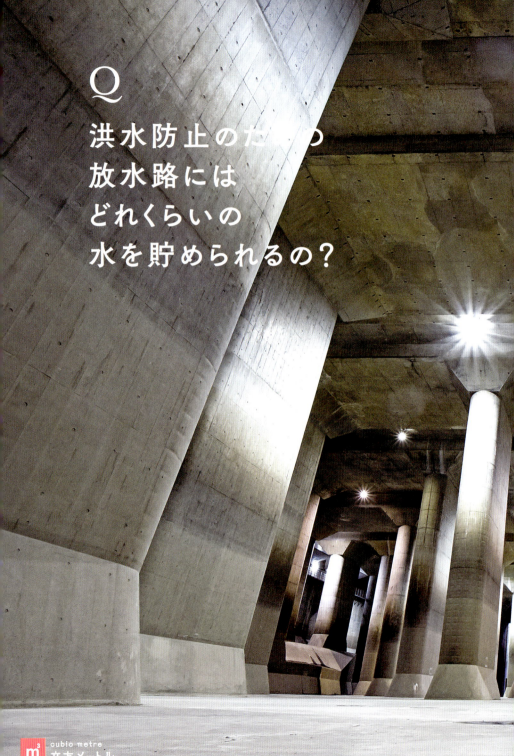

Q 洪水防止のための放水路にはどれくらいの水を貯められるの？

m³ cubic metre
立方メートル

A

埼玉県の外郭放水路の
総貯水量は約67万m³で、
世界最大といわれています。

埼玉県春日部市にある首都圏外郭放水路は洪水防止のための施設です。地下神殿のような空間に河川の水を引き込み、洪水にならないように調整する役割を担っています。長さ177m、幅78mの"巨大水槽"には、約67万立方メートル（m³）の水を貯めることができます。

体積の単位

長さの単位を3回かけると、体積の単位になります。

縦1m・横1m・高さ1mの立方体をイメージしてみてください。
その立体が1m³の大きさです。
「立方」とは、ある数を3回かけ合わせることで、
縦・横・高さの辺の長さをかけると体積を求めることができます。

琵琶湖に鎮座する白髭神社の大鳥居。

① 琵琶湖の水の量はどれくらい？

A 約27.5km³です。

琵琶湖といえば日本最大の湖。その水量は約27.5km³で、1辺が3kmの立方体の体積とほぼ同じです。ちなみに、地球上の水をすべて合わせた量は、約14億km³といわれています。

② 立方センチメートルとシーシーの関係を教えて。

A どちらも同じ体積を表します。

計量カップなどで使われているシーシー(cc)は、立方センチメートル(cm³)と同じ体積を示す単位です。立方センチメートルは英語で「cubic centimeter」。その頭文字をとると、「cc」になるのです。

1cc＝1cm³です。

③ 「cc」があまり使われないのには なにか理由があるの？

A 「00」とまぎわらしいからです。

たとえば、小さい文字の「100cc」と「10000」は同じように見えることがありますが、まったく意味が異なります。このように混同される恐れがあるため、「cc」は国際的には使用不可とされているのです。

---

④ 量を示すリットルについて教えて！

A 1L＝1000cm³を示す単位です。

リットル（L）は、液体や気体などの量を表すときに使われる単位です。最初は1L＝1000cm³でしたが、1901年の国際度量衡総会において、「最大密度で1気圧の元にある1kgの純水によって占められる体積」という新しい定義がつくられました。しかし、キログラム原器の変動問題などで各国の定義がバラバラになってしまったため、あらためて1L＝1000cm³と定められたのです。なお、「ℓ」という筆記体表記は国際的には用いません。単位に関しては、斜体ではなく立体で書くのが国際ルールなのです。

直径13cmのゴム風船の中の空気の量は約1.5Lです。

---

⑤ 牛乳パックには 本当に1L入っているの？

A ちゃんと入っています。

牛乳パックの直方体の部分の体積は、実は1L未満なのですが、決して不当表示ではありません。牛乳パックに牛乳を入れると少しだけ容器が膨らみ、そのぶん体積も増えるため、きちんと1Lになるのです。

1Lの牛乳パックは膨らみを計算に入れてつくられています。

Q 原油や石油製品の
取り引きで使われる
バレルってなに？

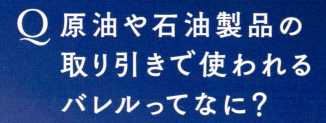

A ヤード・ポンド法で、
量を表す単位です。

海底油田を掘削するプラットフォーム。現在、世界の石油の3分の1は海底油田から掘り出されており、世界各地の海でこうしたプラットフォームが稼働しています。

広さ・かさの単位

 barrel バレル | 石油の体積の単位

石油はリットルではなく、バレルという単位で表します。

液体の量を表すときには
リットル（L）を使うことが多いですが、
石油や原油の量を示すときには
バレル（bbl）を使います。
バレルはヤード・ポンド法で体積を表す単位で、
1bbl=158.9Lになります。
なお、単位記号については
石油のバレルを表すときだけbblを用い、
石油以外のバレルを表すときにはblを用います。

石油は国際情勢を動かす資源。それだけに、バレルは極めて重要な単位です。

 なんで「バレル」っていうの？

A ワイン用の樽に由来します。

かつてアメリカでは、ワインの樽に石油を入れて輸送していました。樽を英語でバレル（barrel）といい、それが単位の名称になったのです。なお、現在のドラム缶は200Lのものが一般的で、1bbl=158.9Lの石油をドラム缶に入れると8分目まで入ることになります。

アメリカ・ペンシルバニア州の油田でワイン樽を使っていました。

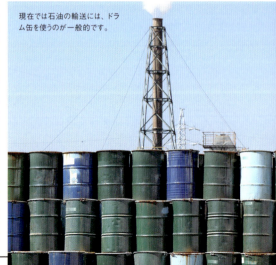

現在では石油の輸送には、ドラム缶を使うのが一般的です。

Q2 ガロンという単位も聞くけど、バレルとなにが違うの？

A ガロンは容器の量（容積）を表す単位です。

ガロン（gal）もヤード・ポンド法の単位ですが、バレルが液体などの量（体積）を表すのに対して、ガロンはそれを入れる容器の量（容積）を表します。アメリカでは1gal＝約3.8ℓ、42gal＝1bblとなり、ガソリンスタンドではガロン売りが一般的です。ちなみに、ガロンはワインやビールなどの酒類や穀物にも使われます。

Q3 オイルマネーで潤っている国はどこ？

A 最近はUAEやカタールが有名です。

石油資源といえば中東ですが、中東の中でもUAE（アラブ首長国連邦）やカタールの躍進がきわ立っています。どちらも小さな国ですが、石油資源が豊富に埋蔵されており、オイルマネーやガスマネーで急速に発展しています。

砂漠の中に高層ビルが林立する、カタールの首都ドーハ。

Q4 日本でも石油はとれるの？

A 1日1万bbl生産されています。

日本は石油消費量のほぼすべてを輸入に頼っていますが、国内にも油田があり、秋田県の八橋油田などで小規模ながら採掘が行なわれています。また近年、新潟県の南桑山油田で原油が採掘できそうな場所が見つかっています。

秋田県の八橋油田。リグと呼ばれる機器で採掘を行っています。

Q
緯度や経度って
どうやって決めたの？

o degree
度

A

天頂方向と赤道面がなす
角度が緯度、
子午面と基準子午面がなす
角度が経度です。

地球上の位置を示す度(°)の元になっているのが緯度と経度です。緯度はその地点の天頂方向と赤道面がなす角度で、経度はその地点の子午面(子午線がなす面)と基準子午面(グリニッジ子午線)がなす角度。この2つの角度で、地球上のどんな地点も表すことができます。

広さ・かさの単位

 degree
度

角度の単位

円周を360等分したものが1度になる角度です。

1周ぐるりとまわると360°です。
この1周360°を360等分したものが1°になります。
1°よりも小さい角度を表したい場合には、
1°の60分の1を表す1分(′)、
さらに1′の60分の1を表す1秒(″)を使います。
つまり、1°＝60′＝3600″というわけです。
かつては円周を400等分する単位もつくられ、
それを導入しようとする動きもありましたが、
普及することなく終わりました。

角度をはかる分度器は半円のものが多いですが、全円のものもあります。

Q なぜ円は360度なの？

A 天体の動きに関係があります。

星の動きを観察していると、約1年（約360日）で円を描くように1周することが分かります。そこから古代の人々は、円を360等分した「度」という単位をつくったと考えられています。

槍ヶ岳を背景にして見るカシオペア座。星は約1年で円を描くように1周します。

② 「度」って国際単位系の単位なの？

A 違います。別の単位があります。

国際単位系では、ラジアン（rad）という単位の使用が定められています。メートル法が十進法であるのに対し、度が六十進法であることも関係しているといわれています。ただ、度も世界各国で一般的に使われているため、併用することは認められています。

---

③ 角度を示す単位についてもっと教えて！

A たとえば、方位を示すときに使われます。

航空機や船舶の乗員は、他の飛行機や船舶、目的物の位置を示すときに「10時の方向」などといいます。これはアナログ時計を使って方位を示す表現で、「10時」といえば正面から約300°（左に約60°）ということを示しているのです。

海上では時計の長針と短針がつくる角度で方位を示します。

---

④ 「度」ってほかにどんなときに使われるの？

A アルコール度数を表すこともあります。

お酒に含まれているアルコールの割合をアルコール度数といい、日本酒は15度前後、ビールは5度前後、ワインは10〜15度前後、ウイスキーやテキーラなどは40度前後が一般的です。このときの度は、角度ではなく、割合を示す単位です。

アルコール度数は％で表されることもありますが、40度でも40％でも意味は同じです。

COLUMN　身近にある日本の単位❷

 しゃく　｜　長さの単位

夏の夜空を彩る花火。直径10cmに満たない小さなものから100cmを超える大きなものまで玉のサイズはさまざまですが、花火の大きさは昔から「尺」という単位で表されてきました。尺は、尺貫法という日本古来の計量法における長さの基本単位。手の指を広げたときの長さが基準とされ、当初は約23cmでしたが、次第に伸びて明治時代には1尺＝30.3cmに統一されました。戦後、公的に使用することはできなくなってしまいましたが、いまも日常生活の中でよく見聞きします。尺の10分の1を「寸」、10倍を「丈」といいます。

新潟県・長岡の花火大会。直径3尺（＝約90cm）の三尺玉を打ち上げると、約600mの高さで直径約550mも花火が広がります。

Q
体重50kgの
人100人と、
ゾウ1頭では
どちらが重いの？

kg kilogram
キログラム

A
ゾウのほうが重いです。

陸上最大級の動物であるアフリカゾウの体重は5～7.5トン(t)。50kgの人100人で5,000kg(=5t)ですから、アフリカゾウのほうが上です。

質量の単位

kg kilogram キログラム | 重さの単位

パリ郊外にある円柱型の分銅が、キログラムの定義でしたが……。

かつて1kgは水1,000ccの重さとされていました。
しかし、温度や密度、測定する場所によって
微妙に変わってしまうため、
国際キログラム原器という基準がつくられました。

① キログラム原器について教えて！

A 分銅を容器で保護したものです。

白金90％、イリジウム10％の合金で分銅をつくり、温度や気圧の影響を受けないように何重もの容器で囲ったものです。1870年代につくられ、各国で複製したものが保管されるようになりました。

② キログラム原器はいまでも使われているの？

A キログラムの定義は130年ぶりに変わりました。

国際キログラム原器も、年を経るごとに質量がわずかに変化してしまいます。そのため新たな定義が必要とされ、2018年11月に国際度量衡委員会において、プランク定数を用いた新たな基準がつくられました。これは人工物ではなく、量子力学などで基本となる物理定数なので、決して変化することはありません。

日本のキログラム原器。国際キログラム原器を複製したもので、1993年に調べたときには、およそ100年間で7マイクログラムの変化が確認されました。

48

Q3 ゾウの重さはどうやってはかるの?

A いまは大きな体重計がありますが……。

動物園などでは専用の巨大体重計を使いますが、昔はゾウを船に乗せて沈んだ水の跡を記録しておき、ゾウを降ろした後で船に重りを乗せ、同じ水位になった重りの重さを合計してはかっていたそうです。

Q4 クジラの体重はどれくらい?

A シロナガスクジラは約200tにもなります。

シロナガスクジラは地球上で最大の動物です。産まれたばかりの赤ちゃんでさえも2tに達し、1歳になるまで毎日90kg増加するといわれています。

巨大な体を維持するため、毎日4tものエサを食べています。

Q5 重さと質量って同じなの?

A 質量は変化しません。

重さははかる条件や場所で変化します。たとえば、地球ではかったときと、月面ではかったときでは重さは違います。それに対し、質量はいつどこではかっても変化することはありません。地球上で体重(重さ)60kgの人が月に行くと、引力の影響で10kgになります。しかし、質量に関しては地球でも月でも60kgで変わりません。

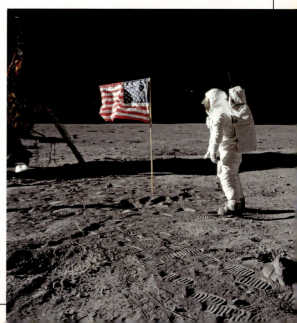

月の引力は6分の1なので、質量は変わらずとも、重さは6分の1になります。

Q
ポンドの単位記号が「lb」なのはなぜ？

lb　pound
　　ポンド

A

「天秤」を意味する
古代ローマ時代の単位名
「libra(リブラ)」が由来だからです。

ローマ帝国では、重さをはかる天秤のことを「libra」といい、それではかった重さを「libra pondus」といいました。そこから、ポンドの単位記号は「lb」と書かれるようになったのです。

質量の単位

lb pound ポンド | 重さの単位

ポンド(lb)のルーツは、古代メソポタミアにあります。

古代メソポタミアには大麦1粒の重さを元にした、グレーン(gr)という単位がありました。大麦の粉7000grでつくったパンが大人1人が1日に食べる量とされ、そこからグレーンの倍量単位であるポンドが生まれたのです。その後、ポンドはローマ帝国やイギリスへと伝わりました。
なお、7000gr＝1lb＝約453.6gという関係が成り立ちます。

世界最古の文明地といわれるメソポタミアは、現在のイラクを中心とした地域をさします。

Q ボクシングやプロレスでポンドを使うのはなぜ？

A イギリスやアメリカで盛んなスポーツだからです。

「赤コーナー235lb、ヘビー級チャンピオン、○○○○〜」。こんなリングアナウンスを聞いたことがありませんか？ ボクシングやプロレスでは選手の体重をポンドで表します。これらのスポーツの本家であるイギリスやアメリカがヤード・ポンド法を採用しているからです。これらの国では、肉や野菜、バターなどの食品にもポンドが使われています。

男子プロボクシングで最重量階級のヘビー級は200lb(約90.6kg)以上になります。

Q2 ボクシングではオンスという単位も聞くけれど……。

A オンスはポンドに関連する単位です。

アメリカでは封書の単位もオンスです。

ボクシンググローブの重さを表すオンス（oz）という単位は、16分の1ポンドで、1oz＝約28gとなります。ボクシングでは片方が8oz・10oz・12ozのグローブが使われています。また、アメリカから日本へエアメールを送る場合、1ozまでが1ドル15セント、2ozなら2ドル3セントと倍々に増えていきます。

Q3 オンスについてもっと教えて！

A 液体の単位でもあります。

オンスは液体の単位としても使われており、液量オンス（fl oz）という単位で表します。香水やカクテルグラスの容量などに使われ、日本では1fl oz＝30mlとされることが多いです。

液量オンスは質量オンスと区別するための単位です。

Q4 重さの単位のポンドがなぜ、イギリスでは通貨単位になったの？

A 1ポンドの重さの銀と同じ価値があったからです。

8世紀のイギリスでは、1lbの重さの銀から240個のペニー銀貨をつくっていました。このように銀の価値を重さによって表していた歴史がイギリスの通貨単位「ポンド」の背景にあるのです。なお、ポンドの記号「£」は、先に述べたlibraの「l」です。

1816年から現在まで、イギリスの通貨単位はずっとポンドです。

Q
世界最大の
ダイヤモンドは
どれくらいのサイズ？

ct carat
カラット

A 「カリナン」という原石は 3,106ctです。

1905年、現在の南アフリカ共和国で発見されたダイヤモンドの原石「カリナン」は、長さ11cm、幅5cm、高さ6cm、3,106カラット（ct）。写真のブルーダイヤも約7.6ctと立派なものですが、カナリンはまさにケタ違いの大きさでした。

質量の単位

carat
カラット

質量（宝石）の単位

宝石を示す単位ですが、カラットとは「いなご豆」のことです。

ダイヤモンドなどの宝石の質量を表す単位をカラット（ct）といい、
メートル法で1ct＝200mgと定義されています。
植物の種子を単位の基準として使っていた地中海地方のかつての慣習から、
同地原産のいなご豆がカラットの語源とされています。

Q ダイヤモンド原石はどこでとれるの？

A アフリカ、オーストラリア、ロシアなどでとれます。

アフリカ南部での産出量が多く、質も高いといわれています。南アフリカ共和国のキンバリー鉱山は19世紀後半に起こったダイヤモンドラッシュ発祥の地。現在は採掘のためにできた穴（ビッグホール）に地下水や雨水が溜まって、幻想的な光景をつくりだしています。

ビッグホールは円周約1,600m、深さ約215m。
人力で掘った穴としては世界最大級です。

Q2 ダイヤモンドは大きいほど価値があるの？

A 価値の基準は「4C」とされています。

アメリカの宝石学会の基準によると、Carat（カラット＝質量）、Cut（カット＝輝き）、Color（カラー＝色）、Clarity（クラリティ＝透明度）の4つの要素（4C）で評価されます。

58面体の「ラウンドブリリアントカット」のダイヤモンド。

Q3 金にもカラットを使うの？

A 使います。

金に対してもカラットを使います。ただし、金のカラットは「karat（K）」で、質量ではなく純度を表し、24Kを純金とする24分率で示すことになっています。18Kを「18金」と書くことがあるため、「18キン」と発音する人がいますが、Kはキンではなくkaratの頭文字です。

純度100％の純金が24K。最低純度は37.5％の9Kです。

Q4 鉱物の硬さを示す単位を教えて！

A モース硬度という15段階の指標があります。

ダイヤモンドが宝石の最高峰とされるのは、美しさもさることながら、もっとも硬い鉱物であることも理由の1つです。鉱物の硬さはモース硬度が尺度となり、ダイヤモンドはもっとも硬い15とされています。

モース硬度

1	2	3	4	5	6	7	8	9	10	11	12	13	14	15
滑石（タルク）	石膏（ギプス）	方解石	蛍石	燐灰石（アパタイト）	正長石	ガラス状石英	石英（水晶）	黄玉（トパーズ）	柘榴石（ザクロ石、ガーネット）	炭化タンタル	熔融ジルコニア	炭化ケイ素（カーボランダム）	炭化ホウ素	金剛石（ダイヤモンド）

軟 ←――――――――――――――→ 硬

Q
地球上で
もっとも重い
元素はなに？

kg/m³ Kilogram per cubic metre
キログラム毎立方メートル

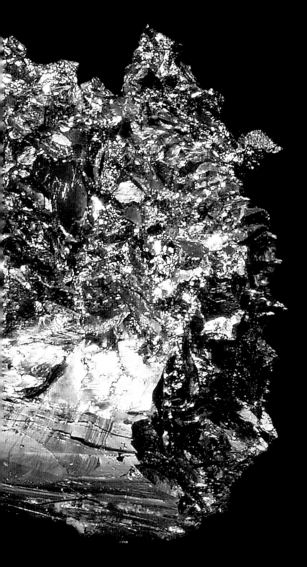

A
オスミウムという
金属です。

金の密度は19.32グラム毎立方センチメートル（g/c㎥）、白金の密度は21.45g/c㎥。白金（＝プラチナ）の仲間であるオスミウムという金属の密度は22.59g/c㎥で、100以上ある元素の中でもっとも重いものの1つです。

質量の単位

kg/m³ Kilogram per cubic metre
キログラム毎立方メートル

密度の単位

どれだけギュッと詰まっているか、密度はその度合いを表します。

密度とは一定の体積あたりに、どれだけの質量があるかを示す単位です。密度が大きければ重く、ギュッと詰まっていることを意味します。逆に密度が小さければ軽く、スカスカであるということです。

思索に耽るアルキメデス。

Q1 密度に関する有名な話を教えて！

A アルキメデスは、密度の考え方を使って偽物の王冠を見抜きました。

古代ギリシアの数学者アルキメデスは、シラクサの王に「この王冠に銀が混じっている可能性がある。純金製かどうかを調べよ」と命じられました。そこで王冠と同じ重さの金塊を用意し、王冠と金塊をそれぞれ順番に水槽に入れたところ、王冠を入れたときのほうが多くの水が溢れることに気づきます。王冠の体積が大きいということは、密度が小さいということ。これにより、王冠に金以外の金属が混じっていると判断したのです。

Q2 星の密度はものすごく大きいの？

A そうとは限りません。たとえば、土星は水に浮きます。

水の密度である1g/cm³より大きい物体は沈み、小さい物体は浮きます。たとえば、土星は太陽系の中では木星に次いで2番目に大きな惑星ですが、ガスでできているため平均密度は0.69g/cm³しかありません。そのため、理論上は水に浮くことになります。

土星は水素やヘリウムなどの軽い元素でできているため、密度は小さくなります。

Q3 宇宙でもっとも密度の高い物体はなに?

A 中性子星とされています。

中性子星とは、太陽の質量の約8〜30倍の星が一生を終えるときに爆発を起こして、その後に残された星の中心核のことです。半径10km程度にもかかわらず、1cm³あたり10億tもの密度があります。

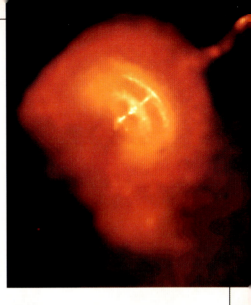

南天に輝く帆座のパルサー。中性子星自体はガスに遮蔽されて見えませんが、規則正しい間隔でX線を放射しています。これが宇宙でもっとも高密度な物体だと考えられています。

Q4 人口密度という言葉もよく聞くけど……。

A 一定の面積に何人の人が住んでいるかを表したものです。

通常は面積1km²あたりの人の数を示し、人口密度が高ければ高いほど都市化が進んでいることを意味します。世界一人口密度の高い地域はマカオで、1km²あたり約2万3,475人。日本の約334人と比べても圧倒的です。

モンゴルの人口密度は1km²あたり1.87人で、世界最低レベルです。

人口過密都市であるマカオのマンション。圧迫感があります。

COLUMN　身近にある日本の単位 ❸

貫 かん ｜ 質量の単位

「貫」は尺貫法における重さの基本単位。1貫＝約3.75kgです。中国では銅銭の穴に紐を通してひとまとめにしていたことから通貨の単位として使われ、日本では江戸時代に1文銭1,000枚、つまり1貫文の重さを貫と呼ぶようになりました。太っている人に対する悪口として「百貫デブ」という言葉がありますが、100貫は375kgにもなるので、さすがにありえません。

Q
1秒の長さはなにを基準に
決められたの？

S second 秒

A
地球の自転を元にしました。

昔は地球が自転して1周する時間の長さを1日とし、1日の長さを24等分して1時間、1時間を60分割して1分、1分を60分割して1秒としていました。写真は長野県・美ヶ原高原から見た北天の日周運動。東から出て西へ沈む星の日周運動は、地球が1日1回、西から東へ自転しているために起こります。

時間・速さの単位

S second 秒 | 時間の単位

時間の基準にした自転速度は、実は不規則でした。

かつては地球の自転をもとにして、
1日÷24時間÷60分÷60秒＝1秒と定めていました。
ところが20世紀半ば、
地球の自転速度は不規則だと判明し、
時間の基準としては
適当ではないとみなされてしまいます。
そこで代わりに基準とされたのがセシウム原子時計。
時間や場所にかかわらず、
変化することのない原子の動きをもとに、
1秒の長さが新たに定められたのです。

Q セシウム原子時計についてもっと教えて！

A ほとんど狂わない超高精度の時計です。

セシウム原子時計。これが国際的な時間の基準となっています。

原子時計とは、原子や分子がもつ固有の振動数を基準として用いる時計のことです。セシウム原子時計は、時計の中のセシウム原子が91億9,263万1,770回振動する振動時間を1秒と定めた時計です。ほとんど狂わないのが特徴で、誤差は1億年に1秒以内といわれています。

セシウムの結晶（下）。セシウムはアルカリ金属の元素の1つ。やわらかく、水と激しく反応します。

Q2 そもそも、なぜ時間は六十進法なの？

A 古代バビロニアの時代からの慣習です。

数千年前に栄えた古代バビロニアでは、天文学が発達しており、太陽が1日で720個分移動することが分かっていました。六十進法を多用するシュメール数学で考えると、720は60の倍数。ここから時間と60の相性のよさが認識され、六十進法になったと考えられています。

復元されたバビロニアの都。

Q3 時間を十進法に変えようとしたことはないの？

A フランス革命のときにそうした動きがありました。

1793年、フランス革命が起こると、時間を六十進法から十進法に変えたフランス革命暦という新しい暦がつくられました。1日=10時間、1時間=100分、1分=100秒とするものです。しかし、諸外国とのやりとりがあまりに不便だったため反対する声が高まり、1805年に廃止されてしまいました。

フランス革命時の10時間時計。文字どおり10時間で1周するつくりになっています。

Q4 角度を示す秒と時間の秒の関係を教えて！

A 角度に用いられたほうが先でした。

秒や分は角度を示す際にも用いられてきました。古代ギリシアの天文学者プトレマイオスが使用しており、それが英語に翻訳されたといわれています。

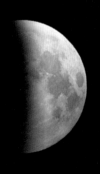

Q 暦の月と
　夜空の月との
　関係を教えて。

mon　month
　　　月

A 満月から次の満月までが およそ1か月になります。

月は地球の周囲をまわっているため、地球からは少しずつ形が変わって見えます。満月から次の満月（あるいは新月から次の新月）までがおよそ1か月（正確には29.5日）。それをもとに月（mon）という時間の単位ができました。

時間・速さの単位

時間の単位

`mon` month 月

月の満ち欠けが、時計の代わりでした。

1か月は30日の月もあれば31日の月もあり、
2月にかぎっては28日（4年に一度は29日）だったりと、一定ではありません。
そのため厳密には単位とはいえないのですが、
月（mon）という単位で給料をもらったり、公共料金を支払ったりと、
私たちが暮らすうえで重要な期間になっています。

Q1 暦について教えて！

A 太陰暦と太陽暦があります。

月の動きを元にした暦を太陰暦といいます。月の満ち欠けの周期で1か月の長さを決め、それを元に1年（y）の長さを決めたもので、古代の暦の多くが採用していました。日本でも明治時代になるまでは太陰暦を使っていました。一方、太陽暦は文字通り太陽の運行を元にした暦。現在は、太陽暦を改良した暦が世界各国で使われています。

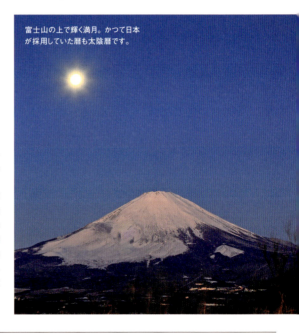

富士山の上で輝く満月。かつて日本が採用していた暦も太陰暦です。

Q2 英語の月暦の名前の由来はなに？

A 神話の神さまなどです。

1月（January）はJanus（ヤヌス）、2月（February）はFebruaria（フェブルアーリア）、3月（March）はMars（マルス）、4月（April）はAphrodite（アフロディテ）、5月（May）はMaia（マイア）、6月（June）はJuno（ユノ）と、ローマ神話やギリシア神話の神々が由来とされています。7月と8月は古代ローマ関連の有名人に由来するといわれ、9月以降はラテン語で「○番目の月」を意味する言葉が語源となっています。

③ なにが「1年」の考え方の元になったの？

A 季節のめぐりです。

1年とは、もともと「春・夏・秋・冬」や「雨季・乾季」などの季節のめぐりが基準になっています。季節が生まれるのは、自転軸が傾いている地球が、太陽の周囲をまわるから。時期によって地球への太陽の光の当たり方が変るため、気温などが変化するのです。

四季は世界中どこにでもありますが、日本は温帯に位置していることや、南北に長いことから、四季の違いがはっきりしています。

④ 閏年があるのはなぜ？

A 地球が太陽の周囲を1周するのに365日と約6時間かかるからです。

地球は1年(365日)で太陽のまわりを1周しますが、正確にはかると365日と約6時間かかります。毎年約6時間ずつ積み重ねていくと、4年で24時間、つまり1日ズレることになります。そこで4年に1回、2月29日を設けてズレを調節することにしているのです。

閏年の計算法

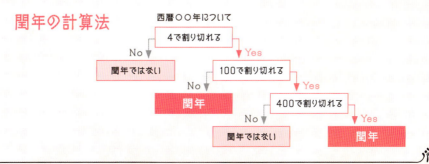

Q
マッハ1の速さだと1時間でどれくらい進めるの？

Mach
マッハ

A
約1,200km、東京都から大分県くらいの距離を進めます。

2003年まで運航していたフランスのコンコルド（右下）は「超音速」のジェット旅客機で、最高速度はマッハ2（2,469.6km/h）に達し、ニューヨークとロンドンをおよそ3時間で結んでいました。

速度の単位

Ma Mach マッハ | 速さの単位

音の速さと等しい速度を「マッハ」と呼んでいます。

音の速さは秒速約340m(m/s)とされています。
これと同じ速さがマッハ(Ma)1で、
航空機などの速度を表すときに使われています。
人類はまだ光の速さには到達していませんが、
音の速さは既に超えられるようになっているのです。

アメリカ軍のF-15戦闘機。
最大速度はマッハ2.5以上。

音速のレベル

極超音速	マッハ5以上	大気圏に再突入するときの人工衛星や、ミサイルなどの速度
超音速	マッハ1.2～5くらい	コンコルドなどの速度
遷音速	マッハ0.75～1.25くらい	ジャンボジェットもこれくらいの速度で飛ぶことがある
亜音速	マッハ0.75以下	通常のジェット旅客機はこれくらいの速度で飛ぶ

 航空機ではじめて音速を超えたのは誰？

A アメリカ軍のパイロットです。

アメリカ軍のパイロット、チャック・イェーガーは1947年10月、ロケット航空機X-1に搭乗し、水面飛行ではじめての音速超えとなるマッハ1.06を記録しました。

 航空機が音速に近づくとどうなるの？

A 不思議な雲が現れます。

航空機などの物体が飛行中に音速に近い速度に達すると、「ベイパーコーン」と呼ばれる円錐状の雲（水蒸気）が機体の後方に発生することがあります。海面上などを低空で飛行したときに発生しやすく、まるで異次元の入口に突入したかような光景がみられます。また、「ソニックブーム」と呼ばれる衝撃波が発生することもあります。

ベイパーコーン。空気中の水分が音波で生じた圧力によって凝結するため、円錐形の人工雲ができます。

③ 航空機以外でも音速を感じることはできる？

A 鞭(むち)の音は音速を超えた証拠です。

長い鞭を振ったときに鳴る「パチン、パチンッ」という激しい音は、鞭の先が音速を超えることにより生じた衝撃波(ソニックブーム)です。鞭の手元に近い部分の速度が時速100km(km/h)程度であっても、先端に行くほど加速度が増して、最も先端では音速に達するのです。

人力でも一瞬だけ音速を超えられます。

④ 音の速度はどこでも同じ？

A 水中のほうが、空気中よりも4倍速く伝わります。

空気中の音速は約340m/sですが、水中の音速は約1500m/sで、水中のほうがはるかに速くなります。また空気中でも、気温が高ければ速く、低ければ遅くなるため、高度が上がると音速は遅くなります。

エルンスト・マッハ (1838〜1916年)

オーストリアの物理学者。空気流の実験により、空気中を動く物体の速さが音速を超えたとき、その物体に対する空気の性質が急激に変化することなどを発見しました。また、ニュートンが提唱した空間の概念を否定し、相対性理論の構築に一役買っています。物理学のみならず、哲学や心理学などにおける功績も広く知られています。

75

Q
音の高低は
なにで決まるの？

Hz hertz
ヘルツ

A
空気の波の振動数（周波数）によって決まります。

イルカは150〜100,000ヘルツ（Hz）の周波数の音が聞こえ、7,000〜120,000Hzの周波数の音を出すことができます。その能力によって仲間と会話したり、エサを探したりしているといわれます。

速度の単位

Hz hertz ヘルツ | 周波数の単位

振動が速いと高くなり、
振動が遅いと低くなります。

音の高さは空気の波が振動する速さで決まります。
その振動数を周波数といい、ヘルツ（Hz）という単位で表します。
振動が速い（振動数が多い）と高い音に、
振動が遅い（振動数が少ない）と低い音になります。

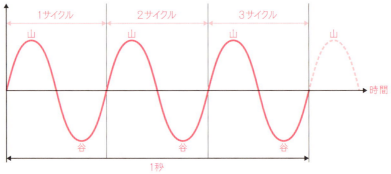

山と谷による波のサイクルが1秒間に1回繰り返すと1Hz。上の場合、3サイクル繰り返しているので3Hzです。

Q 人間に聞こえる周波数の音はどれくらい？

A 20～20,000Hzといわれています。

イルカやコウモリは最大120,000Hzもの高周波を出すことができます。これらは人間には聞くことができない周波数の音で、超音波と呼ばれています。

コウモリが暗闇でも自由に行動できるのは、極めて高い周波数の音を聞いたり出したりできるからです。

Q2 ヘルツはほかにも使われているの?

A 電波や光など波のあるものに使われます。

音と同じように電波も波をつくり、山と谷を繰り返しながら伝わっていきます。東京タワーは1959年にテレビ放送の電波を送信し始めた電波塔。東京スカイツリーができるまで、その役割を果たし続けました。

現在は、スカイツリーのバックアップとして地上デジタル波を送信できる状態を維持しています。

Q3 音の大きさを表す単位を教えて!

A デシベルです。

音の高さをヘルツで表すのに対し、大きさを表す際にはデシベル(dB)という単位を使います。大きさの目安は、一般的な会話が60dB、一般的な目覚まし時計の音が80dB、地下鉄の音が100dB、飛行機の音が120dBです。

ライブ会場や飛行機のエンジン音は120〜130dB。聴覚に異常をきたすレベルです。

ハインリヒ・ヘルツ (1857〜1894年)

ドイツの物理学者。イギリスの物理学者ジェームズ・マクスウェルの理論をもとに研究を進め、1888年に電波の存在を証明しました。電波の存在を発見したのはマクスウェルですが、単位の名称になったのは証明者であるヘルツでした。

COLUMN　身近にある日本の単位❹

 もんめ　｜　質量の単位

「匁」もまた尺貫法の単位です。江戸時代の一文銭1枚の重さ=3.75gを、「一文銭の目方」という意味で「もんめ（匁）」と呼ぶようになりました。5円硬貨1枚の重さが1匁=3.75gです。現在、尺貫法の単位は公的には使えませんが、この匁に関しては真珠の質量単位として用いる場合にかぎって国際的に使用でき、「mon」という記号で表します。

匁が公的に使用できるのは、真珠が日本を代表する宝石として認知されているからです。

Q 海のような大きな湖も凍ることはあるの？

℃ degree Celsius
摂氏温度（セルシウス度）

A
気温がマイナスを
大きく下回れば氷が張ります。

シベリアはマイナス20度（℃）以下の気温も珍しくない極寒の地。世界最深の湖であるバイカル湖にも、分厚い氷が張ります。バイカル湖は透明度ナンバーワンの湖でもあり、厚さ2mの氷がクリスタルのように透きとおります。

エネルギーの単位

℃ degree Celsius
摂氏温度（セルシウス度）

温度の単位

0℃と100℃を基準にして、摂氏温度が生まれました。

1気圧の状態の水は0℃で凍り、100℃で沸騰します。その0℃と100℃の間を100等分したものが摂氏温度、またはセルシウス度（℃）という単位です。
日本では気温や体温など、日常の温度を表すときに使われています。

アイスランドの氷の洞窟。全面氷の天井や壁が青く輝いています。

Q1 水が0℃で凍り、100℃で沸騰するのはどうして？

A そうなるように温度を定義したからです。

水は0℃で凍り、100℃で沸騰しますが、この温度設定は"後づけ"されたものです。水が凍る温度（凝固点）を0℃、沸騰する温度（沸点）を100℃と決めたのです。ちなみに、最初は凝固点を100℃、沸点を0℃としていたのですが、のちに変更されました。

アメリカ・イエローストーン国立公園の熱水泉。水温は70℃に達します。

Q2 摂氏温度のほかにも温度の単位があるってホント？

A アメリカなどでは華氏温度が使われています。

アメリカなどの一部の国では、摂氏温度ではなく華氏温度（℉）と呼ばれる別の温度が使われています。これは氷と塩をまぜたときの温度を0℉、血液の温度を96℉とし、水の凝固点と沸点の間を180等分したものです。

温度計の左側の目盛りが摂氏温度、右側が華氏温度になっています。

Q3 絶対零度ってなに？

A ケルビンという単位における最低の温度です。

温度には、摂氏温度、華氏温度のほかに、ケルビン（K）という国際単位として定められた単位もあります。これは熱運動が完全に消滅した状態の温度、つまりこれ以上ない低い温度を絶対零度（0K／摂氏温度ではマイナス273.15℃）として目盛りをふったもので、主に物理学の分野で使われます。もっとも厳密な意味での温度の基本単位は、摂氏温度や華氏温度ではなく、このケルビンなのです。

地球から5,000光年離れたブーメラン星雲の温度は1Kで、宇宙でもっとも低温の天体とされています。

太陽系の星の表面温度

水星	金星	地球	火星	木星	土星	天王星	海王星
440k	737k	288k	210k	165k	134k	76k	72k

Q4 温度についてもっと教えて！

A 色温度という考え方もあります。

光の温度と物体の温度の間には、一定の関係があります。それをもとに光の色を温度で表したものを色温度といい、単位をケルビンで表します。写真撮影やパソコンのモニターなどで、色を正確に再現するときなどに用いられています。

アンデルス・セルシウス（1701〜1744年）

スウェーデンの天文学者、物理学者。1742年に水の氷点と沸点の間を100分割する温度目盛りを提唱しました。摂氏温度の「摂」は、セルシウスの中国語表記の頭文字をとったものです。華氏温度の「華」もまた、ドイツの物理学者であるガブリエル・ファーレンハイトの中国語表記の頭文字をとったものです。

Q

竜巻の中心部は
どうなっているの？

hPa hectopascal
ヘクトパスカル

A
気圧が低く、
風を集めて吸い上げています。

竜巻の原因となる巨大積乱雲。竜巻の中心部は空気が薄く、100ヘクトパスカル（hPa）くらいの低気圧になっています。そのため風が集まってきて上昇気流が起こり、さまざまなモノを吸い上げていくのです。

エネルギーの単位

気圧の単位

空気の圧力「気圧」を示すのは、天気予報でおなじみの単位です。

1㎡に約100gの重さのものが垂直に乗ったときにかかる力がパスカル（Pa）です。
この圧力の単位であるパスカルの100倍を表すのが、
天気予報などでよく聞くヘクトパスカル（hPa）という単位。
ちなみに、「ヘクト」は100倍の意味で、
ヘクトパスカルは台風や熱帯低気圧の気圧を示すときなどに使われます。

Q 気圧は場所によって違うの？

A たとえば、富士山山頂はエベレスト山頂の約2倍です。

地上（海面0m）で受ける標準の気圧は1013hPaです。気圧は標高が高くなるほど低くなり、たとえば日本の最高峰、富士山の山頂（標高3,776m）ではおよそ630hPaなのに対し、世界の最高峰、エベレストの山頂（標高8,848m）ではおよそ300hPaになります。

エベレスト。その上にある空気の量が少ないため、気圧が低くなります。

★COLUMN★ **使わなくなった単位［ミリバール］**

ひと昔前まで、天気予報ではミリバール（mb）という言葉をよく聞きました。バール（b）は圧力の単位で、その1000分の1を表すミリ（m）を用いてミリバールという単位をつくり、気圧を示していました。しかし1992年以降、ヘクトパスカルが国際的に使われるようになり、ミリバールは使われなくなったのです。

Q2 台風の強さは、気圧と関係しているの？

A 気圧が下がるにつれて、勢力が増します。

台風の勢力は気圧が下がるにつれて大きくなっていきます。1013hPa（1気圧）が通常の状態で、950hPaを下回るくらいから台風となります。935hPaになればかなり強い台風といえるでしょう。近年で特筆すべき台風は、2013年の台風30号。フィリピン上陸時の最低気圧は895hPaを記録し、数千人の死者を出しました。

NASAの衛星から撮影した2013年の台風30号。中心部では最大瞬間風速が90m/sに達しました。

Q3 深海でかかる圧力（水圧）はどれくらい？

A マリアナ海溝の最深部では約1,090気圧にもなります。

水中では水による圧力がかかり、10m深くなるごとに1気圧ずつ上昇します。水深が深ければ深いほど水圧も大きくなるため、深海魚はいびつな姿になりました。ちなみに地球上でもっとも深いのはマリアナ海溝の約10,900mですが、水圧は109MPa（10,900,000hPa）にもなります。

水深数百メートルの深海に棲むリュウグウノツカイ。通常の魚は浮き袋をもっていますが、深海では高い水圧で潰されてしまうため、もともと浮き袋をもっていません。

ブレーズ・パスカル （1623～1662年）

フランスの数学者、科学者、哲学者。「人間は考える葦である」という言葉で有名です。早熟の天才で、十代半ばにしてパスカルの定理を発見。ほかにも世界初の機械式計算機（パスカリーヌ）を発明したり、確率論を発表するなど多くの功績を残しましたが、39歳の若さで亡くなりました。

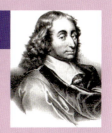

単位のカロリーを
使わない国が多いって
ホント?

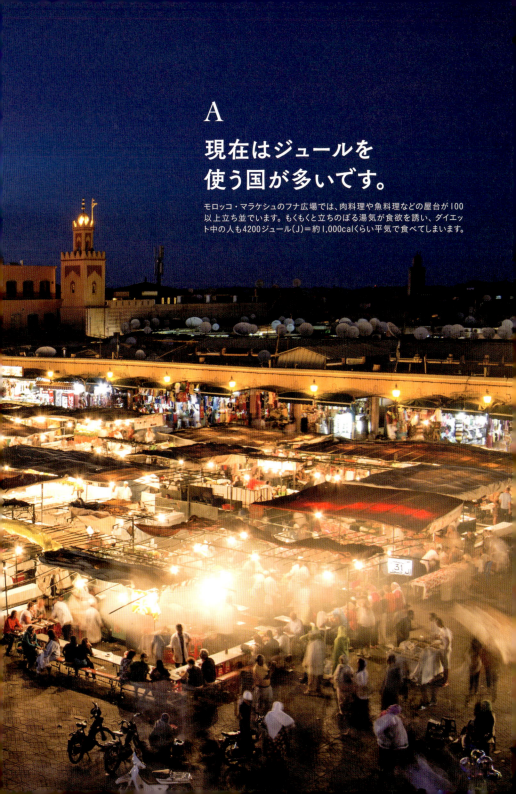

A
現在はジュールを使う国が多いです。

モロッコ・マラケシュのフナ広場では、肉料理や魚料理などの屋台が100以上立ち並でいます。もくもくと立ちのぼる湯気が食欲を誘い、ダイエット中の人も4200ジュール(J)=約1,000calくらい平気で食べてしまいます。

J joule ジュール | エネルギーの単位

1gの水を1℃上げる熱量を示す日本人にはおなじみの単位。

日本では食品の容器などにカロリー（cal）の表示があります。カロリーとはエネルギー量（熱量）を示す単位で、1gの水の温度を1℃上げる熱量が1calです。ところが、食品にカロリー表示をしている国は少数派。多くの国はジュール（J）という単位を使っているのです。

カロリーが表すのは食べ物のエネルギーだけ、ジュールは食べ物以外のエネルギーも表します。

Q1 カロリーとジュールはなにが違うの？

A ジュールは仕事量を表します。

どちらもエネルギーの単位である点は同じですが、カロリーは熱量としてのエネルギーだけを表し、ジュールは熱量だけでなく、力や電力など、すべてのエネルギーを表します。1calは約4.2J、1Jは約0.24calになります。

Q2 そもそも仕事ってなに？

A 単位の世界では、労働することではありません。

ある物体に力を加えて、その物体が動いたとします。そのときの「力」と動いた「距離」をかけたものを「仕事」といいます。つまり、仕事＝力×距離。物体が移動しなければ、仕事はゼロです。

1Jは約102gの物体を1m持ち上げたときの仕事に相当します。

③ 高カロリーな食べ物を教えて！

A カツカレーは1,100kcalを超える超高カロリーな食べ物です。

ごはん、揚げ物のカツ、さらにカレーのルーと具材を合わせたカツカレーのエネルギー量は、1,100kcalを超えます。ほかにも、カツ丼は900kcal、パスタではカルボナーラが700kcal、ハンバーガー（ビッグマック）が500kcalと高カロリーです。

20代成人男性の場合、1食あたりの摂取エネルギー量の目安は約800kcalとされています。

④ 電力量を表す単位はワットじゃないの？

A ワットでも表すことができます。

ドライヤーやアイロンなど、電化製品ではワット（W）がよく使われます。ワットは単位時間にどれだけの仕事が行われているか、つまり仕事率を示す単位。1Wは1秒間に1Jの仕事を行える仕事率のことです。

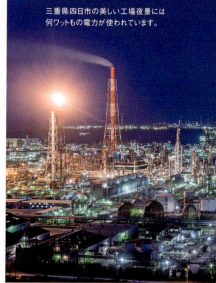

三重県四日市の美しい工場夜景には何ワットもの電力が使われています。

富山県の黒部ダムは日本有数の水力発電所です。

ジェームズ・ジュール （1818～1889年）

イギリスの物理学者。大学の教職についたことはありませんが、ビールの醸造所を経営しながら自宅の研究所で科学実験を行ない、1840年に電流の熱作用に関するジュールの法則を確立しました。

Q
マグニチュードと震度では、なにが違うの?

M magnitude
マグニチュード

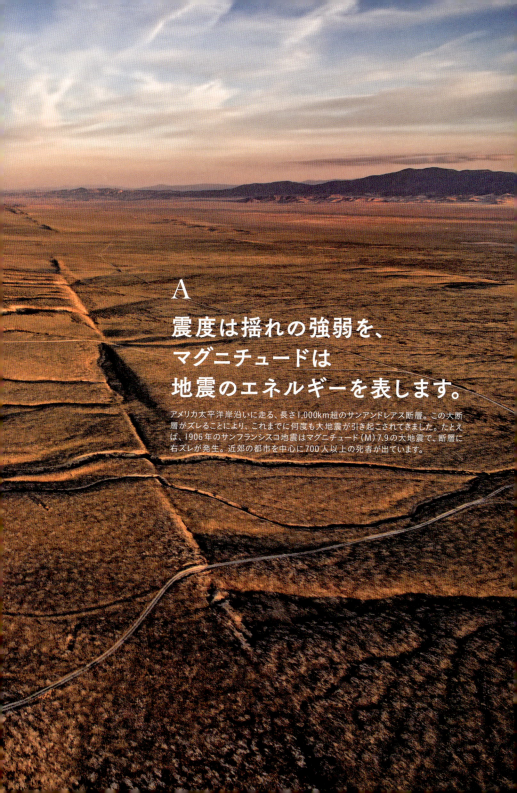

A
震度は揺れの強弱を、マグニチュードは地震のエネルギーを表します。

アメリカ太平洋岸沿いに走る、長さ1,000km超のサンアンドレアス断層。この大断層がズレることにより、これまでに何度も大地震が引き起こされてきました。たとえば、1906年のサンフランシスコ地震はマグニチュード（M）7.9の大地震で、断層に右ズレが発生。近郊の都市を中心に700人以上の死者が出ています。

エネルギーの単位

M magnitude マグニチュード
地震の大きさを表す単位

マグニチュードが1増えると、エネルギーの大きさは約32倍。

震度は地震の揺れの強弱を表す単位で、測定地によって数値が変わります。
一方、マグニチュードは震源でのエネルギーの大きさを示し、場所によって数値が変化することはありません。マグニチュードの値が1増えると約32倍、2増えると約1000倍ものエネルギーの大きさになります。

マグニチュードと地震の大きさ

マグニチュード	地震の大きさ
M1.0〜3.0	微小地震
M3.0〜5.0	小地震
M5.0〜7.0	中地震
M7.0以上	大地震
M8.0以上	巨大地震

震度と状況

震度	状況
震度0	揺れを感じない
震度1	わずかな揺れを感じる
震度2	電灯などがわずかに揺れる
震度3	棚の食器が音を立てる
震度4	歩行中でも揺れを感じる
震度5弱	食器や本が落ちる
震度5強	重い家具が倒れる
震度6弱	立っていられない
震度6強	ブロック塀が崩れる
震度7	地割れや山崩れが起こる

史上最大の地震を教えて。

A M9.5のチリ地震です。

M9.5を記録したチリ地震の被害の様子。

1960年5月22日にチリ南部沖合で発生したチリ地震は、観測史上最大のM9.5を記録しました。震源域などで数千人の死者が出たほか、最大数メートルの津波が日本にまで押し寄せ、約140人が亡くなりました。ちなみに、2011年3月11日に日本を襲った東日本大震災はM9.0です。

Q2 巨大地震が起こるとどうなるの？

A 震度7で山崩れ、地滑り、地割れなどが起こります。

震度6弱で立っていることが難しくなり、6強で立ったままの移動が困難になります。さらに震度7では自分の意志で行動できなくなり、山崩れ、地滑り、大きな地割れなどが起こります。

震度7の地震は山崩れを引き起こします。

Q3 巨大地震が火山噴火の引き金になるってホント？

A はっきりとは分かっていません。

火山噴火が地殻に影響を及ぼして地震を誘発するという説があります。逆に、大地震のあとに噴火が起こったケースもあります。ただ、その因果関係はいまだはっきり分かっていないのが実情です。

火口から噴出した溶岩が地表を流れます。

火山噴火が雷を伴うケースもあります。

チャールズ・リヒター （1900～1985年）

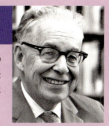

アメリカの地震学者。1935年、アメリカ・南カリフォルニアの地震に対して、その規模を評価するために便宜的に使ったのがマグニチュードの最初とされています。英語圏では、マグニチュードよりも「リヒター・スケール」という名称のほうがよく知られています。

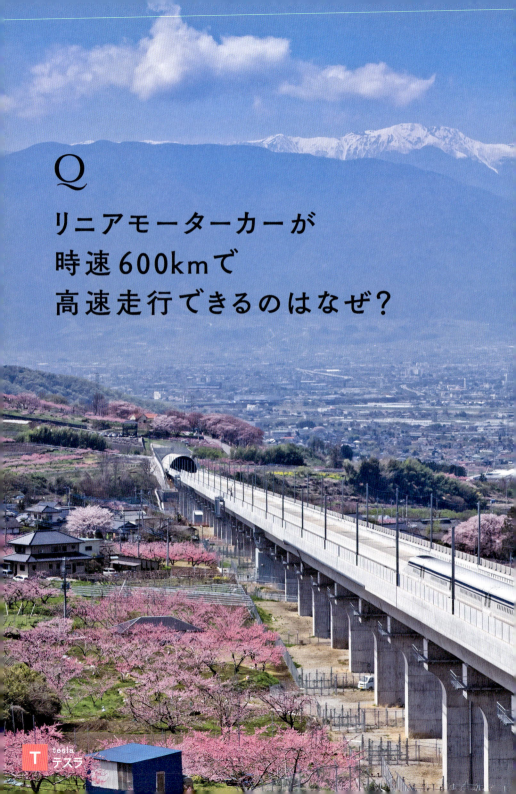

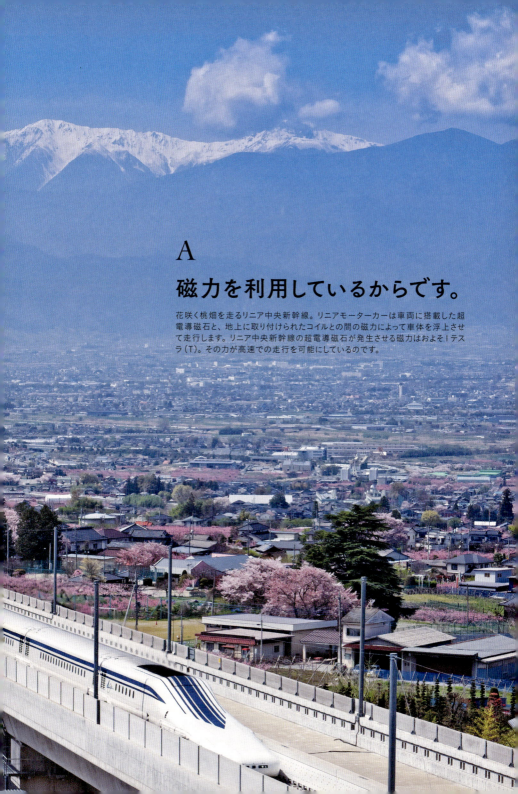

A
磁力を利用しているからです。

花咲く桃畑を走るリニア中央新幹線。リニアモーターカーは車両に搭載した超電導磁石と、地上に取り付けられたコイルとの間の磁力によって車体を浮上させて走行します。リニア中央新幹線の超電導磁石が発生させる磁力はおよそ1テスラ（T）。その力が高速での走行を可能にしているのです。

エネルギーの単位

tesla
テスラ

磁石の強さを表す単位

磁力の強弱を示すときは、テスラという単位を使います。

磁石の周囲に砂鉄を薄くまくと、磁力線と呼ばれる模様ができます。
磁力線は磁力がはたらく様子を表したもので、
線の束（磁束）の密度が大きいほど、磁力が強いことになります。
リニア中央新幹線は1テスラ（T）ですが、
病院のMRI装置が発生させる磁力も1～1.5Tと強いです。
さらに核融合炉のレベルになると、
10T以上の超強力な磁力が必要だといわれています。

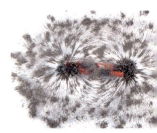

線状になって見えるのが磁力の働き。

Q 方位磁針で方角が分かるのはなぜ？

A 地球は大きな磁石だからです。

地球の中心にある核は、鉄やニッケルなどの金属でできています。内核は個体ですが、外核は液体で、個体である内核のまわりを動いています。動くことで電気が発生し、地磁気と呼ばれる磁力が生み出されているのです。地磁気は、北極をS極、南極をN極とする大きな力。極地方でオーロラが発生するのも、地球に地磁気があることに関係しています。

北極圏に近いカナダ・イエローナイフのオーロラ。オーロラは太陽から放出された太陽風が大気中の酸素や窒素に衝突する際に引き起こされる現象です。

Q2 地球の磁力はどこも同じ強さ?

A アメリカのセドナは磁力が強いといわれています。

アメリカ・アリゾナ州にあるセドナは、赤い岩山が印象的なネイティブ・アメリカンの聖地です。この岩山に地球の強い磁力が秘められているといわれています。科学的な根拠は不明ですが、近年は癒しを得られるパワースポットとして人気を博しています。

赤い岩の山々がセドナ一帯に広がっています。

Q3 昔から北極がS極で、南極がN極だったの?

A N極とS極が逆の時代もありました。

地磁気は北極がS極、南極がN極となっていますが、南北の磁極が入れ替わる磁極の逆転(ポールシフト)がこれまでに何度も起こっていたことが明らかになっています。過去360万年間に11回は逆転しており、千葉県市原市の「チバニアン」が約77万年前に起こった最後の逆転を示す地層だと考えられています。

チバニアンとは、約77万年前から12万6千年前にかけての時代区分の名称。この頃に、地磁気の逆転が起こったといわれています。

★COLUMN★ **使われなくなった単位[ガウス]**

1997年まで、磁力の強さはガウス(G)という単位で示されていました。ピップ社の人気商品「ピップエレキバン」が「800ガウス」というコピーを打っていたことを覚えている人も多いでしょう。その宣伝の影響もあり、日本では広く知られるようになりましたが、計量法が改正されてテスラに変わり、ガウスは使われなくなりました。ちなみに、1T＝10,000Gです。

Q

科学者の名前が由来で
有名な単位は？

A

物体を動かす力を表す単位を
ニュートンといいます。

地球上の物体や、地球周辺の星などは地球の引力を受けています。引力は重力ともいい、重力の大きさを表すときに、国際的にニュートン（N）という単位が使われています。

エネルギーの単位

N

力の単位

重さと質量は、
同じではありません。

重さはその物体にはたらく重力の大きさのことで、ニュートン（N）という単位で表します。一方、質量はその物体そのものの量のことで、グラム（g）やキログラム（kg）などの単位で表します。「はかり」でいえば、重さをはかるのがバネばかり、質量をはかるのが天秤です。

バネばかりは物体が下向きに受ける重さ、つまり重力の大きさを数値に表す器具です。

 はかる場所によって重さが変わるってホント？

A たとえば、地球と月では変わります。

質量はいつどこではかっても変化しません。それに対して重さは、物体がどこにあるか、どんな状態かによって変化します。たとえば、地球上ではかったときに120g（1.2N）あったリンゴは、月ではかると20g（0.2N）になります。月では、重力が地球の6分の1になるからです。ちなみに、ブラックホールは光さえのみ込んでしまうほど強い重力が発生していると考えられています。

2019年に世界で初めて撮影されたM87銀河の中心にある巨大ブラックホール。直径は地球の約300万倍、重力は太陽の65億倍あると推測されています。

② 重力加速度ってなんのこと？

A 物体を落下させたときの加速度です。

クルマを運転しているときにハンドルを大きく切ると、カラダが外側へもっていかれます。これは重力加速度（G）のせいです。重力加速度とは、物体を落下させたときの加速度のこと。標準重力加速度は約9.8m/s²で、F1マシンでカーブに差し掛かると、4～5Gの力がかかるといわれています。また、場所によって値が変わり、低緯度地域のほうが小さくなる傾向があります。

スピードを出してカーブを曲るときに外側へとはたらく力が重力加速度。俗に「横G」ともいいます。

日本各地の重力加速度（m/s²）

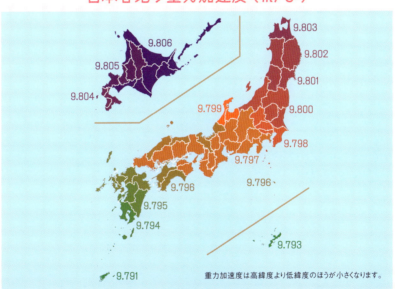

重力加速度は高緯度より低緯度のほうが小さくなります。

アイザック・ニュートン （1642～1727年）

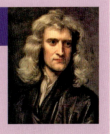

イギリスの科学者。庭のリンゴの木から実が落ちるのを見て、なぜ真下に落ちるのかと疑問を抱き、1665年に重力理論を完成したといわれています。また、ニュートンは慣性の法則をはじめとする3つの運動法則や微分法・積分法なども発見した知の巨人として知られています。

Q 馬力って、
ウマとどんな関係があるの？

HP horse power
馬力

A
ウマ1頭のパワーが
単位になっています。

基本的にはウマ1頭の力が1馬力ですが、全力疾走するサラブレッドはおよそ3馬力といわれています。写真の凱旋門賞のようなビッグレースに出馬するサラブレッドなら、3馬力以上のパワーをもっているかもしれません。

エネルギーの単位

HP horse power 馬力

仕事量の単位

蒸気機関の凄さを
ウマの力にたとえて宣伝しました。

イギリスの発明家であるジェームズ・ワットは、
蒸気機関を改良して
産業革命の進展に大きく貢献した人物です。
蒸気機関のパワーを世間に知らしめるため、ウマの力を引き合いに出し、
1頭のウマが荷物を引っ張るときの仕事の量を1馬力としました。

ワットの蒸気機関と、それを利用した機関車。この機械をアピールするために馬力という単位がつくられました。

Q 馬力についてもっと教えて！

A イギリスとフランスでは馬力の定義が異なります。

これはヤード・ポンド法かメートル法かの違いです。もともとの定義では「1秒間につき550ポンド（約250kg）の荷物を1フィート（約30cm）動かすときの仕事の力」を1馬力としていますが、馬力には2種類あり、ヤード・ポンド法に基づくイギリスの英馬力（HP）は1HP＝約745.7ワット（W）で、メートル法に基づくフランスの仏馬力（PS）では1PS＝約735.5Wとなっています。

日本では仏馬力を採用しています。

馬力の単位がよく使われるのはなに？

 乗り物のエンジンです。

馬力は国際単位系（SI）ではありません。仕事の力（仕事率）を表すときにはワット（W）が使われます。しかし、クルマやバイクのエンジンの力の大きさに関しては、昔から馬力が使われていたため、現在も馬力で示されることが少なくありません。一般的な乗用車は約100馬力で、スポーツカーには1,000馬力近く出るものもあります。

大型トラックは数百馬力、スポーツカーはその倍の力があります。ただし、馬力が大きいほどスピードが出るというわけではありません。

 クルマのエンジンではトルクという単位も使われているけど……。

 トルクはタイヤを回すための力です。

馬力と同じく力の大きさを表す単位ですが、トルクはエンジンの回転力、すなわちタイヤを回す力を示し、ニュートン・メートル（N・m）で表します。馬力が持続力だとすると、トルクは瞬発力だといえるでしょうか。

 人間の馬力はどれくらい？

 1馬力にも足りません。

アニメ『鉄腕アトム』の主題歌では、原子力をエネルギー源とする少年ロボット、アトムの力は10万馬力と歌われていました。それに対し、生身の人間の力は0.3～0.4馬力程度とされています。さすがアトムは、多くの少年少女が憧れたスーパーヒーローです。

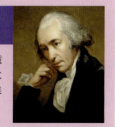

ジェームズ・ワット（1736～1819年）

イギリスの発明家・技術者。スコットランドの大工の家に生まれ、ロンドンで機械職人に。帰郷後、グラスゴー大学で研究を行ない、やがて蒸気機関の実用化実験に成功しました。この蒸気機関の改良がイギリスのみならず、世界の産業革命に大きな影響を与えました。

COLUMN　身近にある日本の単位 ⑤

 つぼ ｜ 土地の面積

土地や部屋の広さを表すときには平米(㎡)や畳などとともに、「坪」という単位が用いられます。坪は尺貫法による面積の単位で、1辺が6尺の正方形の面積と定義されます。1坪はおよそ3.3㎡です。

東京都中央区銀座4丁目の地価は日本一高く、1坪あたり約1億9000万円にもなるそうです。

Q
雷の力って
どれくらいあるの？

V volt
ボルト

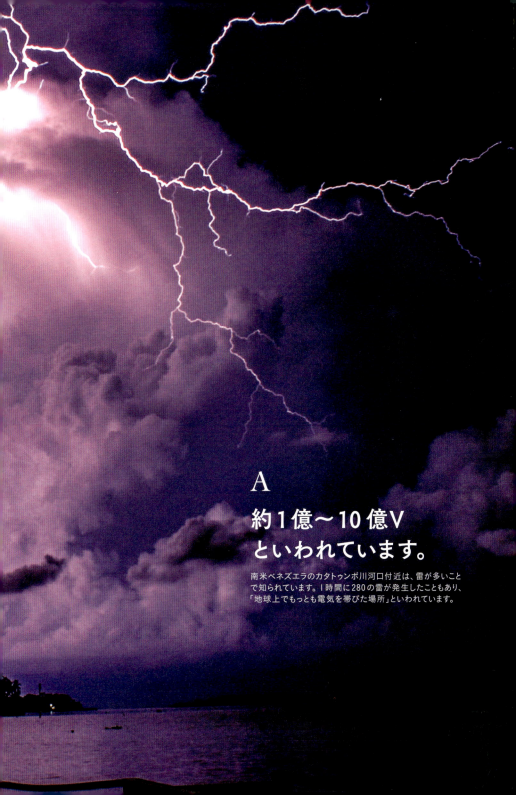

A
約1億〜10億V
といわれています。

南米ベネズエラのカタトゥンボ川河口付近は、雷が多いことで知られています。1時間に280の雷が発生したこともあり、「地球上でもっとも電気を帯びた場所」といわれています。

電気・明るさなどの単位

volt
ボルト

電気を押し出す力の単位

雷のエネルギーは、電球90億個分に相当します。

電気を流そうとする力の大きさを電圧といい、ボルト（V）という単位で表します。雷の電圧は約1億〜10億Vとされ、電球（100W）なら90億個を光らせられるほどの力になります。

ボリビア・ウユニ塩湖で発生した雷。

Q 家庭用の電圧が世界共通じゃないのはなぜ？

A 国ごとのインフラ事情などが要因です。

海外に行ったとき、電圧の違いに戸惑った経験はないでしょうか。日本の一般家庭は100Vが標準ですが、ヨーロッパは230V前後、アメリカは120V、中国は200Vといった具合に、国や地域ごとに電圧は異なります。日本は大正時代に普及していたほとんどの電球が100V用だったため、100Vで統一したといわれています。ヨーロッパは最初は120V前後でしたが、電化製品により強い電気を流したいために大きくしたといわれています。

横浜・ロックヤードガーデンでの5万個の電球によるイルミネーション。

Q2 電圧と電流ってなにが違うの?

A 電流は電気の流れです。

電気の流れる量はアンペア(A)という単位で表されます。電気には、電圧が高いほうから低いほうへと流れる性質があり、同じ電圧では流れないという点で、高さが同じでは流れない水とよく似ています。

千葉県・江川海岸の海中鉄塔。電気が電線を伝って流れていきます。

Q3 電流はどうやってできるの?

A 電子が動くと発生します。

電気の正体は、電子と呼ばれるマイナスの電気をもった非常に小さな粒。この電子が移動することによって電気エネルギーが発生するのです。

静岡県にある東伊豆町風力発電所。風の力で電気を生み出しています。

アレッサンドロ・ボルタ (1745〜1827年)

イタリアの物理学者。電堆という電流発生装置で実験をし、電池を発明したり、電気による通信などの研究を行ないました。また当時の権力者であるナポレオンに評価され、勲章を受けたことでも知られています。

1等星の明るさは、
2等星の2倍？

等 magnitude
等級

A
約2.5倍です。

ニュージーランドのテカポ湖は、世界一星空が美しいといわれている場所。宝石箱のような星空を見ることができることで知られています。1等星から6等星まで多くの星を見ることができますが、2等星から見た1等星の明るさは単純に2倍ではなく2.5倍になります。

電気・明るさなどの単位

等 magnitude 等級 | 星の明るさの単位

夜空の星の明るさは6つの等級に分けられています。

星の見かけの明るさを等級といいます。
目で見えるもっとも明るい星が1等星、
もっとも暗い星が6等星です。

カシオペア座。3つの2等星(上からカフ、シェダル、ルクバー)と2つの3等星からなります。

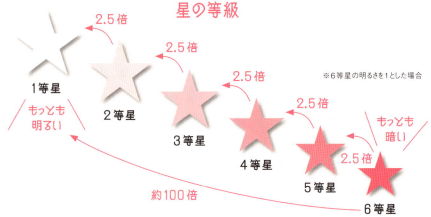

星の等級

※6等星の明るさを1とした場合

Q オリオン座の星の等級を教えて。

A ベテルギウスとリゲルは1等星です。

オリオン座はギリシア神話の狩人オリオンをモデルにした冬の星座の代表格です。有名な星がたくさんありますが、そのうち1等星はベテルギウスとリゲルの2つ。2等星も5つあります。

ベテルギウスはもうすぐ寿命を終えようとしている星でもあります。

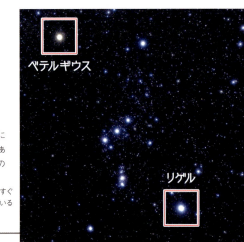

Q2 夜空でいちばん明るい星はなに？

A シリウスです。

おおいぬ座のシリウスは-1.5等級です。「-(マイナス)」がついている場合、1等星よりも明るいことを示しており、-1.5等級は通常の1等星の10倍もの明るさになります。

灯台の光に負けないくらいの明るさです。

Q3 赤く見える星や青く見える星があるのはなぜ？

A 温度が違うからです。

夜空の星には明るさだけでなく、色の違いもあります。色の違いは、星の表面温度の違い。赤い星は年老いた星で、温度は低くなります。逆に、青い星は若く、温度も高くなります。たとえば、青白く見えるスピカ（おとめ座）は2万度以上、赤いアンタレス（さそり座）は約3,500度といわれています。

青白く優しいイメージのスピカ。

さそり座の心臓の位置で輝くアンタレス。

Q4 遠くにある星の明るさはどうなの？

A 距離が遠いと、明るい星も暗く見えます。

一般的に、距離が遠ければ遠いほど、星は暗く見えます。ただし、はくちょう座のデネブのように、地球から1000光年離れているにもかかわらず、明るく見える星（1.3等星）もあります。

夏の大三角形の一角を形成するデネブはそれほど明るく感じませんが、太陽の約200倍も大きい1等星です。

A カンデラという単位を使います。

栃木県・湯西川温泉のかまくら祭りでは、1,000個を超えるミニかまくらがライトアップされ、幻想的な光景をつくり出します。このような光の明るさはカンデラ（cd）という単位で表します。

電気・明るさなどの単位

明るさ(光度)の単位

1カンデラの明るさは、ろうそく1本の明るさです。

カンデラ(cd)は英語のキャンドルと同じ語源とされるラテン語で、光を放っている物体(光源)の明るさ(光度)を表す単位です。その名のとおり、ろうそく1本の明るさが1cdに相当します。

Q 光度が強いものを教えて。

A 室戸岬の灯台は160万cdで日本一の光度です。

1cd＝ろうそく1本の明るさ＝蛍光灯のナツメ球の半分の明るさ。

四国の東南端に位置する室戸岬に、白亜の灯台が立っています。直径2.6mと日本最大級のレンズは160万cdで輝き、約49km先まで照らします。海の難所であるため、このように強い光度になりました。

明治30年代に建設された古い灯台で、100年以上海上を照らし続けてきました。

Q2 明るさではルクスという単位もよく聞くけど。

A ルクスは光源に照らされた場所の明るさを表す単位です。

カンデラが光源そのものの明るさを表すのに対し、ルクス（lx）は光源に照らされた場所の明るさを示します。

居室の明るさの目安は30〜150lx、キッチンは50〜100lx、食卓は300〜500lxとされています。

Q3 1lxってどれくらいの明るさ？

A ホタルの光の3分の1です。

1lxは1cdの明るさで1m離れた場所を照らしたときの明るさ。小さな蛍光灯を高さ2.4mの天井に吊るしたとき、床が照らされた明るさです。ホタルが放つ光の3m先の明るさが約3lxなので、その3分の1です。ちなみに、読書に必要な明るさは300lxで、それ以下は目に悪いとされています。

岡山県・天王八幡神社で乱舞する金ホタル。

COLUMN 使われなくなった単位［キャンドルパワー］

カンデラという単位が生まれたのは1948年。それまではキャンドルパワー（cp）という単位が使われていました。19世紀後半にイギリスのガス灯の明るさを表すためにつくられた単位で、1cpはろうそく1本の明るさと定められました。日本でもキャンドルパワーを訳して、燭または燭光という単位を使っていたのです。

Q

酸性とアルカリ性の
分かれ目はなに？

pH
ピー・エッチ

A
水素イオンと水酸化物イオンの濃度に左右されます。

水にも酸性・中性・アルカリ性があり、水分子の構造において水素イオンが多ければ酸性、水酸化物イオンが多ければアルカリ性になります。ケニアのボゴリア湖はアルカリ性水質の湖です。その水質で大繁殖する藻類をエサにするフラミンゴの群れが湖をピンク色に染めます。

電気・明るさなどの単位

pH	酸性・アルカリ性の単位
ピー・エッチ	

酸性とアルカリ性の分かれ目は、基準の「7」より大きいか小さいか。

酸性・アルカリ性の強さを表す単位がピー・エッチ（pH）です。
0から14までの数値を用いて示し、
7よりも小さければ酸性、7は中性、7よりも大きければアルカリ性になります。
ちなみに、かつてpHは「ペーハー」という読み方が一般的でした。

ピー・エッチは水溶液中の酸性・アルカリ性の度合いを示す単位です。

Q pH値のチェックはどんなところで必要？

A 日常生活のあらゆる分野で欠かせません。

身のまわりのさまざまな分野でpH検査が行なわれています。洗剤やシャンプーなどに「弱酸性」「中性」「弱アルカリ性」などと表示されているのを見たことがあるでしょう。食品でも、発酵食品や飲料の場合、pH値が乳酸菌や酵母のはたらきを決めるため、pH値のチェックが欠かせません。

pHは理科の実験でおなじみのリトマス試験紙でも測定できます。リトマスとは地中海地方に見られる苔の名前です。

Q2 pH値についてもっと教えて！

A 園芸でもpH値のチェックが重要です。

pH値のチェックや調整は園芸の世界でも重要で、鉢植えの場合、pH6.5〜6.9の弱酸性がよいとされています。また、紫陽花の花は、青系にしたい場合は酸性、桃赤系にしたい場合は中性〜アルカリ性の土壌にすると、それぞれの色になります。

紫陽花の色は土壌が酸性かアルカリ性かによって変わります。

Q3 酸っぱいものをたくさん食べると、カラダの酸性度は強くなるの？

A なりません。

人体のpH値は7.35〜7.45と決まっています。どんなにたくさん酸っぱいものを食べたとしても、人体の酸性度が強くなることはありません。

Q4 酸性雨の原因はなに？

A 酸性の気体や物質が雨粒に溶け込むことで酸性雨になります。

環境問題の1つでもある酸性雨とは、その名のとおり、雨水が酸性を示すこと。酸性の気体や物質が雨粒に溶け込むことで、雨水が酸性に傾きます。地球温暖化の原因といわれる二酸化炭素も、酸性雨の原因の1つです。

トルコにあるパムッカレの絶景は、丘陵地の石灰棚が弱酸性の雨によって溶けてできたものです。

Q
放射能の強さで
なにが分かるの?

Bq becquerel
ベクレル

A
遺跡の年代などが分かります。

放射能の強さはベクレル（Bq）という単位で表されます。古代の遺跡や遺物などにも放射線を出す能力をもつ物質があり、その強さを調べるとつくられた年代を調べることができます。写真はミャンマーで11～13世紀に栄えた仏教王国パガン朝の都城跡です。

電気・明るさなどの単位

放射線を出す能力の単位

放射能と放射線は、似ているようで違います。

放射能は放射線を出す能力のことを意味し、
その強さをベクレル（Bq）という単位で表します。
放射線とは、目に見えない光や粒子の仲間で、
宇宙から降り注ぐ放射線もあれば、動植物が発する放射線もあります。
そうした放射線を出すものを放射性物質といいます。
恐ろしいイメージがありますが、必要以上に怖がる必要はありません。

① シーベルトという単位もよく聞くけど……。

A シーベルトは人体が受けた放射線の量のことです。

人体は自然界から常に放射線を受けていますが、わずかな量であれば問題ありません。ただし、たくさん受けると影響が大きくなり、命に関わることもあるため、人体がどれくらいの放射線を受けたかを表すシーベルト（Sv）という単位がつくられました。

② 人体はどれくらいの放射線を受けると危険なの？

A 100mSv以上受けると危険が増すといわれています。

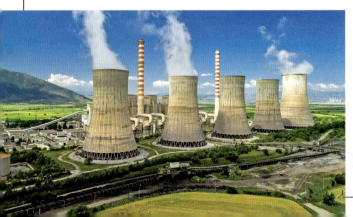

日本人が1年間に自然界から受ける放射線量は平均約2.1mSvといわれています。胸のエックス線検査を1回受けると0.05〜0.1mSvの放射線を受けます。100mSvを超えると、がんによる死亡のリスクが徐々に増えると考えられています。

ギリシアの原子力発電所。原発で働く人でも年間50mSvまでしか放射線を浴びることはできません。

③ もっとも強力な放射性物質はなに？

A　ポロニウム210です。

放射性元素のなかでもっとも有毒とされているのが、キュリー夫人が1898年に発見した放射性物質ポロニウム210です。ポロニウムの同位体の1つで、強い放射線を出します。2006年、元KGBのリトビネンコ氏が殺された事件で使用されたといわれ、一躍有名になりました。

ウラン鉱石から不純物を除いてつくられたイエローケーキと呼ばれるウランの粉末。毒々しく見えますが、放射能はそれほど強くありません。

ポロニウム210は暗殺に用いられるほどの猛毒放射性物質です。ポロニウム元素は1898年にキュリー夫人が発見しました。

④ 超強力な放射線にも耐えられる生物がいるってホント？

A　クマムシです。

クマムシは非常に強靭な微小生物で、高温、極低温、さらには強力な放射線にも耐えることができます。クマムシにしかつくることのできないタンパク質が、その強靭さの秘密とされています。

クマムシはまだ謎の多い生物ですが、DNAの17.5%は別の生物に由来することが分かっています。

アンリ・ベクレル（1852〜1908年）

フランスの物理学者。有名な物理学者の家系に生まれ、自然史博物館に職を得て研究を開始しました。1896年にはウラン鉱石から出るウラン放射線を発見し、1903年にキュリー夫妻とともにノーベル物理学賞を受賞しています。

COLUMN　身近にある日本の単位⑥

畳 じょう ｜ 部屋の広さの単位

不動産屋で部屋を探すとき、間取り図に「洋室4.5畳」とか「和室6畳」といった表記があれば、日本人ならすぐに広さをイメージすることができます。最近では畳の部屋が少なくなってきていますが、「畳」という単位はいまなお健在なのです。1畳のサイズは関東と関西で異なり、関東の「江戸間」は182cm×91cm＝16,562c㎡、関西の「京間」は191cm×95.5cm＝18,240c㎡と、京間のほうがやや大きく、不動産広告では1畳＝1.65㎡と法律で定められています。

香川県の大名庭園、栗林公園に建っている掬月亭は、江戸時代初期に建てられた数寄屋づくりの茶室。その広さは120畳に及びます。

Q
死海の塩分濃度は
どれくらい？

% percent
パーセント

A

約30％です。
通常の海水の10倍にもなります。

イスラエルとヨルダンの国境に位置する死海は、塩分濃度が非常に高いことで知られています。通常の海水の塩分濃度は約3パーセント（％）ですが、死海の塩分濃度はその10倍の約30％。そのため生物が住むことができず、死の海（実際は湖）と呼ばれています。

% percent パーセント | 割合を表す単位

パーセントの意味は「100につきいくら」です。

ある数量を100等分したうちの、
いくつ分にあたるかを示すときに使う単位です。
英語で書くとpercent。
perが「～につき」、centが「100」を意味するので、
「100につきいくら」という意味になります。

Q 太陽に対して
地球の直径の割合はどれくらい？

A 約0.0092%です。

太陽の直径は約139万2,000km、地球の直径は約1万2,756kmなので、地球の直径は太陽の約0.0092%ということになります。パーセントで示すと太陽がいかに巨大かが分かります。

太陽系の星に対する地球の大きさの割合（直径／%）

太陽	水星	金星	地球	火星	木星	土星	天王星	海王星
0.0092	—	1.05	2.61	1.87	0.0892	0.1058	0.2495	0.2575

Q2 日本で使われる「割」も「％」と同じ？

A 「割」は「10につきいくら」を示す単位です。

全体に対するある部分の割合を表す際、日本では「割」という単位が使われます。「割」は、もとになる量を100ではなく10として考えるため、もとの量の10分の1、つまり10％が1割となります。ちなみに、100分の1は「分」、1000分の1は「厘」といい、野球の打率などで使われています。

日本プロ野球の歴代最高打率はバース（阪神）の3割8分9厘。

Q3 割合を示す単位をもっと教えて！

A 1000分のいくつかを表す単位にパーミル（‰）があります。

パーミルは英語で書くとpermil。パーセントと同じくperは「～につき」、milは「1000」のことなので、「1000につきいくら」という意味になります。

Q4 パーミルはどんなときに使うの？

A たとえば、勾配を表すときに使います。

坂などが斜めに傾いている程度のことを勾配といい、これを表すときにパーミルという単位を使います。鉄道の場合、水平距離が1,000mあたりの高低差をパーミルで表し、スイスのピラトゥス鉄道が480‰で、世界一の急勾配路線といわれています。

最大傾斜480‰のピラトゥス鉄道。

鳥取～島根両県の間にかかる江島大橋は非常に急な坂に見えますが、数値にすると意外になだらかで、6.1‰しかありません。

Q

原子や分子の
個数を表すときには
どんな単位を使うの？

mol mole
モル

A

モルという単位を使います。

原子や分子は非常に小さいため、その個数を1個ずつ数えるのは困難です。そこで、モル（mol）という単位を使い、原子や分子の量（物質量）をある程度まとめた個数で表すことにしているのです。写真のハート星雲を独特の赤色にしているのは励起した水素原子。水素1molの質量は2.0gになります。

物質量の単位

12個を「1ダース」と呼ぶのとよく似た単位があります。

同じ種類のもの12個をひとまとまりとしてダース(doz)と数えます。
物質量を表すモル(mol)もこれと同じ考え方で、
1molの個数は、およそ$6.02214076 \times 10^{23}$。
つまり、$6.02214076 \times 10^{23}$個集まるごとに、
1mol、2mol、3mol、4mol、5mol……となるわけです。

Q 同じ1molでも、物質によって質量は違うの?

A 違います。

物質を構成する粒子1個の質量はそれぞれ異なるため、物質によって1molの質量は違ってきます。

水の分子は1mol=18g、アルミニウムは1mol=27g、鉄は1mol=56g、金は1mol=197gになります。

Q2 東京タワーに含まれる鉄の物質量って？

A 70Mmolです。

東京タワーは鉄でできています。鉄材の総重量は約4,000t、1molの鉄は56gなので、東京タワーに含まれる鉄は70Mmolということになります。ちなみに、M（メガ）は100万倍を意味しています。

東京タワーに含まれる鉄もモルで表すことができます。

Q3 ダースを使うとなにが便利なの？

A 均等に分配しやすくなります。

ダースとは、同じ種類のものが12個あること。「12」という数は約数が「1」「2」「3」「4」「6」「12」とたくさんあるので、なにかを複数人で均等に分ける際に便利です。ちなみに「10」は、約数が「1」「2」「5」「10」しかないので、12に比べると融通がききません。

野球やゴルフのボール、鉛筆などは1doz単位で売られていることが多いです。

Q4 1ダースが12集まると、別の単位になるの？

A 1グロスになります。

1dazは12個、12dazで1グロス（gross）になります。12個×12dazで、1grossは144個です。ちなみに、グロスには小グロス（10doz＝120個）と大グロス（12gross＝1728個）もあります。

業務用の卵などはグロス売りが便利です。

141

Q
1GBのハードディスクには、
どれくらいの情報が入るの？

B Byte
バイト

A
500kBの写真なら
2,000枚保存できます。

GBのG（ギガ）は基礎となる単位の10億倍を表す接頭語なので、1GBは「1×10億＝10億B」ということです。500kBの写真なら2,000枚、4分程度の曲なら約240曲を保存することができます。ちなみに、ギガのように大きな数を表す接頭語を小さい順に紹介すると、da（デカ）＝10、h（ヘクト）＝100、M（メガ）＝100万、G（ギガ）＝10億、T（テラ）＝1兆、P（ペタ）＝1000兆……となります。

Byte バイト 情報量の単位

コンピュータの世界で情報量を表す単位があります。

コンピュータの世界では二進法(0と1の数字の組み合わせ)で、さまざまな情報をやりとりします。
そのデータの最小単位がビット(b)という単位。
8bあればアルファベットや数字・記号などを表現することができ、8bをひとまとまりとして、1バイト(B)としています。

アルファベットの二進法変換

A 0 1 0 0 0 0 0 1   C 0 1 0 0 0 0 1 1

B 0 1 0 0 0 0 1 0   D 0 1 0 0 0 1 0 0

Q1 「ドラゴンクエストⅠ」のデータ容量はどれくらいだったの？

A 64KBしかありませんでした。

大ヒットした人気ゲーム「ドラゴンクエスト」シリーズのデータ容量は、1986年に発売されたⅠが64キロバイト(KB)、Ⅱが128KB、Ⅲが256KBでした。数十GBを超えるゲームが当たり前の現代と比べると、隔世の感があります。

ドラクエⅠは1986年5月27日発売。ファミコン初の本格的ロールプレイングゲームとしてヒットし、約150万本を売り上げました。

Q2 パケットもデータ量を表す単位？

A 128Bが1パケットです。

パケットとは小包という意味。たとえば携帯電話では、情報を小包のようにして送受信するため、パケット通信と呼ばれます。通話料は長電話をすればするほど高くなるのに対して、パケット料金はデータ量が増えれば増えるほど高くなります。

Q3 ディーピーアイはどんなときに使うの？

A 画像の解像度を表します。

ディーピーアイ(dpi)は長さ1インチあたりにドット（点）が何個あるかを示す単位。解像度ともいいます。デジタル画像は点が集まって1つの画像をつくっているので、dpiが多ければ多いほどきめの細かい画像、少なければ少ないほど粗い画像ということになります。

10dpi

100dpi

350dpi

ドットの個数が増えるほど解像度はよくなります。1dpiは1inあたり1個のドット、10dpiは1inあたり10個のドット、100dpiは1inあたり100個のドットを表示します。

Q4 解像度と画素数の関係を教えて！

A 解像度は点（ドット）の密度、画素数は点の数のことです。

デジタルカメラの性能を800万画素や1000万画素といった画素数で示すことがあります。画素数という言葉は解像度と混同しがちですが、画素数がデータ量の多い・少ないを表すのに対し、解像度はデータの詰め込み具合（密度）の高い・低いを表すものと考えると理解しやすいでしょう。画素数が大きいほど多くのドットが使われているので、解像度は高くなります。画素は「ピクセル」ともいいます。

横のドットの数 × 縦のドットの数 ＝ 画素数

145

COLUMN　身近にある日本の単位❼

升　しょう　｜　体積の単位

日本酒には日本独自の単位が使われています。まず1升瓶の「升」。これは尺貫法の体積の単位で、古代中国では両手で水をすくった量を意味しましたが、次第に量が増えていき、現在は約1.8Lになっています。この升の10分の1を「合」、合の10分の1を「勺」といい、升の10倍を「斗」といいます。

日本で升の量を統一したのは豊臣秀吉。当時使われていた京枡を元に5寸四方、深さ2寸5分の枡を採用しました。その後、江戸時代になると縦横を1分、深さを2分増やした新京枡がつくられました。

国際単位系（SI）

かつては各国でさまざまな単位が使われていました。当時はそれでも大きな問題がなかったのですが、時代が進み、国際化してくると各分野で混乱が生じました。そこで1960年の国際度量衡総会で決められたのが、「国際単位系(SI)」という世界共通の単位システムです。SIとは、国際単位系という意味のフランス語「Le Système international d`unites」の頭文字で、現在も4年に1度、フランスに集まって単位に関する国際会議を開催しています。

最初は「メートル」「キログラム」「秒」「アンペア」「ケルビン」「カンデラ」の6つでしたが、のちに「モル」が採用され、7つになりました。ほかに、「ラジアン（平面角）」「ステラジアン（立体角）」という補助単位もあります。

基本単位

量	名称	記号
長さ	メートル	m
質量（重さ）	キログラム	kg
時間	秒	s
電流	アンペア	A
温度	ケルビン	K
物質量	モル	mol
光度	カンデラ	cd

SI組立単位

7つのSI基本単位を組み立てた単位のことで、次のようなものがあります。

- **面積** 平方メートル ㎡
- **密度** キログラム毎立方メートル kg/㎥
- **速さ** メートル毎秒 m/s
- **輝度** カンデラ毎平方メートル cd/㎡ など

SI接頭語

大きい量や小さい量を表すとき、SI単位の前に非SI単位をつけ、組み合わせて使うことができます。

- **面積** 平方センチメートル ㎠
- **体積** ミリリットル mL など

単位換算表

長さの単位

	km	m	cm	mm
1 km	1	1,000	100,000	1,000,000
1 m	0.001	1	100	1,000
1 cm	0.00001	0.01	1	10
1 mm	0.000001	0.001	0.1	1

面積の単位

	km²	ha	a	m²	cm²
1 km²	1	100	10,000	1,000,000	10,000,000,000
1 ha	0.01	1	100	10,000	100,000,000
1 a	0.0001	0.01	1	100	1,000,000
1 m²	0.000001	0.0001	0.01	1	10,000
1 cm²	0.0000000001	0.00000001	0.000001	0.0001	1

体積の単位

	m³	L	dL	cm³
1 m³	1	1,000	10,000	1,000,000
1 L	0.001	1	10	1,000
1 dL	0.0001	0.1	1	100
1 cm³	0.000001	0.001	0.01	1

単位換算表

質量の単位

	t	kg	g	mg
1t	1	1,000	1,000,000	1,000,000,000
1kg	0.001	1	1,000	1,000,000
1g	0.000001	0.001	1	1,000
1mg	0.000000001	0.000001	0.001	1

速度の単位

	m/s	m/min	m/h	km/h
1m/s	×1	×60	×3600	×3.6
1m/min	÷60	×1	×60	×0.06
1m/h	÷3600	÷60	×1	÷1000
1km/h	÷3.6	÷0.06	×1000	×1

割合の単位

%	0.1%	1%	10%	25%	50%	80%	100%
小数	0.001	0.01	0.1	0.25	0.5	0.8	1
分数	$\dfrac{1}{1000}$	$\dfrac{1}{100}$	$\dfrac{1}{10}$	$\dfrac{1}{4}$	$\dfrac{1}{2} \cdot \dfrac{5}{10}$	$\dfrac{4}{5} \cdot \dfrac{8}{10}$	1
歩合	1厘	1分	1割	2割5分	5割	8割	10割

索 引

あ

アール（a）	30,31
明石海峡	14,15
アメリカンフットボール	13
アルカリ性	124,125,126,127
アルキメデス	60
アルコール度数	43
アンドロメダ大星雲	21
アンペア（A）	115
イエローストーン国立公園	84
イエローナイフ	100
一文銭	62,81
緯度	40,41
イリジウム	8,48
イルカ	76,77
色温度	85
インチ（in）	11,12,13
インフルエンザウイルス	22,23
引力	49,103
ヴァチカン市国	28,29
美ヶ原高原	64,65
ウユニ塩湖	114
ウラン	131
閏年	71
英馬力（HP）	108
江川海岸	115
液量オンス（fl oz）	53
江島大橋	137
江戸間	132
F1マシン	105
エベレスト	88
円	42
園芸	127
円周	42
オーロラ	100
オイルマネー	39
大阪城公園	30
オスミウム	59
重さ	49,104

か

オリオン座	118
オンス（oz）	53
外郭放水路	32,33
凱旋門賞	106,107
解像度	145
海里（nm）	14,15,16,17
ガウス（G）	101
火山噴火	97
カシオペア座	42
華氏温度（℉）	84
画素数	145
カタトゥンボ川	112,113
カツカレー	93
カラット（ct）	55,56,57
カラット（K）	57
カロリー（cal）	90,91,92,93
ガロン（gal）	39
貫	62,63
カンデラ（cd）	121,122,123
気圧	87,88,89
キャンドルパワー（cp）	123
牛乳パック	35
キュリー夫人	131
京間	132
ギガバイト（GB）	142,143,144,145
キログラム（kg）	46,47,48,49,60,104
キログラム原器	48
キログラム重（kg重）	49
キロメートル（km）	73,75
キロバイト（kb）	143,144,145
金	57,59
銀座4丁目	110,111
九十九里浜	26,27
クジラ	49
クマムシ	131
グラム（g）	52,81,104
グラム毎立方センチメートル（g毎cm³）	
	59,60

151

栗林公園	132,133	重力	104,105
クリプトン86	8	重力加速度	105
グレーン（gr）	52	周波数	77,78,79
グロス（gross）	141	十進法	43,67
黒部ダム	93	丈	45
経度	40,41	畳	110,132,133
ケルビン（K）	85	純氷	62,63
原子	138,139,140,141	升	146,147
原子力発電所	130	蒸気機関	108
元素	58,59	シリウス	119
ケンタウルス座	21	磁力	99,100,101
合	146	新幹線	20
光年（ly）	20,21	人口密度	61
コウモリ	78	真珠	80,81
国際単位系	9,43,109	震度	94,95,96,97
暦	68.69.70,71	水酸化物イオン	125
ゴルフ	13	水素イオン	125,126,127
コンコルド	72,73	寸	45
さ　サンアンドレアス断層	94,95	石油	38
酸性	124,125,126,127	セシウム	66
酸性雨	127	セシウム原子時計	66
シーシー（cc）	34,35,48	摂氏温度（℃）	83,84,85
シーベルト（Sv）	130	絶対零度	85
死海	134,135	セドナ	101
時間（h）	65,66,67	セルシウス（人名）	85
子午線	7,41	センチメートル（cm）	45,55
仕事	92	ゾウ	46,47
仕事率	109	ソニックブーム	74,75
仕事量	108	た　ダース（doz）	140,141
時速（km/h）	98	台風	88,89,
質量	49,104	ダイヤモンド	54,55,56,57
自転	65,66	太陽	19,70,71,136
自転車	12	竜巻	86,87
尺	45,110	タレーラン（人名）	9
勺	146	地球	
尺貫法	45,62,81,110,146	6,7,19,49,65,66,69,70,71,100,101,	
ジュール（人名）	93	104,136	
ジュール（J）	91,92,93	地磁気	100,101

索 引

チバニアン … 101	は パーセント（%） … 135,136,137
中性 … 126,127	ハート星雲 … 138,139
中性子星 … 61	ハードディスク … 142,143
チリ地震 … 96	パーミル（‰） … 137
月 … 49,68,69,70,71,102,103,104	バイカル湖 … 82,83
月（mon） … 68,69,70	バイト（B） … 144,145
坪 … 110	パガン遺跡 … 128,129
ディーピーアイ（dpi） … 145	パケット … 145
テカポ湖 … 116,117	パスカル（人名） … 89
デジベル（dB） … 79	パスカル（Pa） … 88
テスラ（T） … 99,100,101	白金 … 8,48,59
テレビ … 12	バビロニア … 67
電圧 … 114,115	パムッカレ … 127
電気 … 113,114,115	馬力（HP） … 106,107,108,109
電子 … 115	バレル（bbl） … 36,37,38,39
天王八幡神社 … 123	ピー・エッチ（pH） … 126,127
天文単位（AU） … 18,19,20,21	光の速さ … 8,19,21
斗 … 146	ピクセル … 145
度（°）・角度 … 41,42,43,67	ひたち海浜公園 … 31
ドーハ … 39	ビッグホール … 56
等級（等） … 116,117,118,119	ビット（b） … 144
東京タワー … 79,141	ピラトゥス鉄道 … 137
東京ドーム … 31	秒（s） … 42,64,65,66,67
等星 … 116,117,118,119	琵琶湖 … 34
ドックヤードガーデン … 114	ブーメラン星雲 … 85
ドラゴンクエスト … 144	フィート（ft） … 11,12,13
トルク … 109	フェムトメートル（fm） … 25
トン（t） … 47,49,61	仏馬力（PS） … 108
な 長岡花火大会 … 44,45	プトレマイオス … 67
ナノ … 22	ブラックホール … 104
ナノテクノロジー … 24,25	プランク定数 … 48
ナノメートル（nm） … 23,24,25	フランス革命 … 67
日周運動 … 65	フルカ山岳鉄道 … 10,11
200海里 … 16,17	プローブ顕微鏡 … 25
ニュートン（人名） … 105	分 … 137
ニュートン（N） … 103,104,105	分（m） … 42,65,66,67
ニュートン・メートル（N・m） … 109	分子 … 138,139,140,141
年（y） … 70,71	ベイパーコーン … 74,75

153

平米（㎡）	……………………	110
平方キロメートル（㎢）	…………	30,31
平方センチメートル（㎠）	………	61
平方メートル（㎡）	………	28,29,30,31
ヘクタール（ha）	…………………	30
ヘクトパスカル（hPa）	……	87,88,89
ベクレル（人名）	…………………	131
ベクレル（bq）	………	129,130,131
ベテルギウス	……………………	118
ヘルツ（人名）	……………………	79
ヘルツ（Hz）	………………	77,78,79
方位	………………………………	43
放射性元素	…………………………	131
放射性物質	………………………	130,131
放射線	…………………	129,130,131
放射能	………	128,129,130,131
宝石	……………………………	56,57
ボゴリア湖	………………………	124,125
ボクシング	………………………	52,53
ホタル	………………………………	123
ボルタ（人名）	……………………	115
ボルト（V）	………………	113,114,115
ポロニウム	…………………………	131
ポンド（lb）	………	50,51,52,53

ま

マイクログラム（μg）	………………	48
マイクロメートル（μm）	……………	25
マイル（mile）	……………………	17
マグニチュード（M）	……	94,95,96,97
マッハ（人名）	……………………	75
マッハ（M）	………	72,73,74,75
マラケシュ	…………………………	90,91
マリアナ海溝	………………………	89
ミクロン（μ）	……………………	25
密度	………………………………	59,60,61
ミリグラム（mg）	…………………	56
ミリバール（mbar）	………………	88
ミリメートル（mm）	………………	24
室戸岬	………………………………	122

メートル（M）	……	6,7,8,9,24,30,34,45
メートル原器	………………………	8
メートル法	………	9,43,56,108
メソポタミア	………………………	52
モース硬度	…………………………	57
モル（mol）	……………	139,140,141
匁	……………………………………	81

や

ヤード（yd）	……………………	12,13
ヤード・ポンド法	……………………	
		11,12,37,38,39,52,108
ユカワ（Y）	………………………	25
湯川秀樹	……………………………	25
湯西川温泉かまくら祭り	………	120,121
四日市工業地帯	……………………	93
4C	……………………………………	57

ら

ラジアン（rad）	……………………	43
里	……………………………………	26,27
リゲル	………………………………	118
リットル（L）	……………………	35,38
立法キロメートル（㎦）	……………	34
立法センチメートル（㎤）	………	34,35
立方メートル（㎥）	………	32,33,34,35
リトマス試験紙	……………………	126
リニアモーターカー	………………	98,99
リヒター（人名）	…………………	97
厘	……………………………………	137
ルクス（lx）	………………………	123
レーマー（人名）	…………………	21
六十進法	……………………………	43,67

わ

ワット（人名）	……………	108,109
ワット（W）	………………………	93
割	……………………………………	137
割合	…………………………………	137

単位を知ると、世界のしくみがみえてくる。

『世界でいちばん素敵な単位の教室』はいかがでしたか？

わたしたち人類は古来、さまざまな単位を生み出してきました。
単位がなければ農作物を効率的につくることができず、
スケールの大きな建築物を建てたり、
貨幣経済を発展させたりすることも難しかったでしょう。
電車や自動車、飛行機なども発明できなかったかもしれません。

単位は人類にとって大切な財産。

ふだんはあまり目立たない存在ですが、
本書をきっかけに興味をもち、
より身近なものとして感じていただけたら嬉しく思います。

甘粛張掖国家地質公園。古代中国で地震計を発明した張衡がこのあたりで活動していました。

★ 主な参考文献（順不同）

- 『新版　単位の小辞典』海老原寛（講談社）
- 『単位の進化』高田誠二（講談社）
- 『新しい1キログラムの測り方』臼田孝（講談社）
- 『単位171の新知識』星田直彦（講談社）
- 『図解・よくわかる単位の事典』星田直彦（KADOKAWA）
- 『単位の辞典』二村隆夫監修（丸善）
- 『新版単位の小事典』高木仁三郎（岩波書店）
- 『新　単位のいま・むかし』小泉袈裟勝（日本規格協会）
- 『暦の科学』片山真人（ベレ出版）
- 『歴史の中の単位』小泉袈裟勝（総合科学出版社）
- 『単位物語』清水義範（朝日新聞社）
- 『そこが知りたい単位の知識』山川正光（日刊工業新聞社）
- 『SI単位の基礎知識』北大路剛（燃焼社）
- 『単位役に立つおもしろ事典』森川洋昭（河出書房新社）
- 『こんなにおもしろい単位』白鳥敬（誠文堂新光社）
- 『目で見てわかる身近な単位』ガリレオ工房監修（誠文堂新光社）
- 『目でみる単位の図鑑』丸山一彦監修（東京書籍）

カナダ・イエローナイフのオーロラ。オーロラの出現には地磁気が関わっています。

★丸山一彦（まるやま・かずひこ）

1970年三重県生まれ。成城大学大学院経済学研究科経営学専攻博士課程修了［博士（経済学）］。成城大学経済研究所研究員、明治大学理工学部兼任講師、富山短期大学経営情報学科教授を経て、現在は和光大学経済経営学部経営学科教授（同大学院社会文化総合研究科教授を兼務）。専門は新商品開発マネジメント論、市場戦略論、マーケティング論で、多くの企業と商品企画・開発について共同研究や指導を行っている。著書に『エンタテインメント企業に学ぶ競争優位の戦略』（創成社）、編著に『開発者のための市場分析技術』（日科技連出版社）、監修書に『目でみる単位の図鑑』（東京書籍）などがある。

★写真提供

P.6	Stocktrek Images/amanaimages
P.13上	Titans Texans
P.18	Joel Kowsky/NASA/AFP/アフロ
P.22	Science Photo Library/アフロ
P.25上	物質・材料研究機構
P.46	HEMIS/アフロ
P.48	国立研究開発法人産業技術総合研究所
P.52下	ロイター/アフロ
P.54	ロイター/アフロ
P.58	Science Photo Library/アフロ
P.64	阿部宗雄/アフロ
P.66上	国立研究開発法人情報通信研究機構
P.66下	ErpingWu
P.72	Alamy/アフロ
P.76	南俊夫/アフロ
P.89中	Photoshot/アフロ
P.90	kasto／123RF
P.102	前嶋貞男/アフロ
P.104下	EUROPEAN SOUTHERN OBSERVATORY/AFP/アフロ
P.105上	AFP/アフロ
P.106	AP/アフロ
P.116	keng po leung／123RF
P.124	Anna OM／123RF
P.131中	Science Photo Library/アフロ
P.138	Stocktrek Images/アフロ
カバー	Eros Erika／123RF

世界でいちばん素敵な
単位の教室

2019年8月1日　第1刷発行

定価(本体1,500円+税)

監修　　　丸山一彦
編集・文　ロム・インターナショナル
写真協力　アフロ、PIXTA、photolibrary、123RF
装丁　　　公平恵美
本文デザイン　伊藤知広(美創)

発行人　　塩見正孝
編集人　　神浦高志
販売営業　小川仙丈
　　　　　中村崇
　　　　　神浦絢子

印刷・製本　図書印刷株式会社

発行　　　株式会社三才ブックス
　　　　　〒101-0041
　　　　　東京都千代田区神田須田町
　　　　　2-6-5 OS'85ビル 3F
　　　　　TEL：03-3255-7995
　　　　　FAX：03-5298-3520
　　　　　http://www.sansaibooks.co.jp/
　　　　　facebook
　　　　　https://www.facebook.com/yozora.
　　　　　kyoshitsu/
　　　　　Twitter
　　　　　https://twitter.com/hoshi_kyoshitsu
　　　　　Instagram
　　　　　https://www.instagram.com/suteki_na_
　　　　　kyoshitsu/

※本書に掲載されている写真・記事などを無断掲載・無断
転載することを固く禁じます。

※万一、乱丁・落丁のある場合は小社販売部宛てにお送りく
ださい。送料小社負担にてお取り替えいたします。

©三才ブックス2019

天秤は質量をはかるときに使います。